After Effects
影视特效合成教程

主　编　李向东　杨力希　洪丽华

副主编　汪　可　吴　晓　罗丽玲

　　　　王雪茹　刘　锋　林梦姗

参　编　郑常吉

北京理工大学出版社

BEIJING INSTITUTE OF TECHNOLOGY PRESS

内容提要

本书全面系统地介绍了After Effects的基本操作方法和影视后期制作技巧，全书共10个项目，主要内容包括After Effects入门、二维合成、蒙版合成、创建文字、抠像应用、三维合成、特效应用、电视节目《汉字之美》栏目包装、战队片头包装、科技粒子地球影视包装。本书通过详尽的知识讲解与富有代表性的实战案例，帮助读者理解和掌握After Effects影视特效方面的相关知识与方法，有效锻炼读者的设计思维，并提高读者对After Effects软件的应用能力。

本书可作为高等院校和职业院校影视特效相关课程的教材，也可作为影视特效相关从业人员的参考书。

图书在版编目 (CIP) 数据

After Effects 影视特效合成教程 / 李向东，杨力希，
洪丽华主编 . -- 北京：北京理工大学出版社，2022.8
　　ISBN 978-7-5763-1604-9

Ⅰ . ① A… 　Ⅱ . ① 李… ② 杨… ③ 洪… 　Ⅲ . ① 图像处
理软件—教材　Ⅳ . ① TP391.413

中国版本图书馆 CIP 数据核字（2022）第 147644 号

出版发行 / 北京理工大学出版社有限责任公司

社　　　址 / 北京市海淀区中关村南大街5号

邮　　　编 / 100081

电　　　话 /（010）68914775（总编室）
　　　　　　（010）82562903（教材售后服务热线）
　　　　　　（010）68944723（其他图书服务热线）

网　　　址 / http：//www.bitpress.com.cn

经　　　销 / 全国各地新华书店

印　　　刷 / 河北鑫彩博图印刷有限公司

开　　　本 / 787毫米×1092毫米　1/16

印　　　张 / 14.5　　　　　　　　　　　　　　　　责任编辑 / 钟　博

字　　　数 / 349千字　　　　　　　　　　　　　　文案编辑 / 钟　博

版　　　次 / 2022年8月第1版　2022年8月第1次印刷　责任校对 / 周瑞红

定　　　价 / 85.00元　　　　　　　　　　　　　　责任印制 / 王美丽

前言
■──── Foreword ■■■

　　After Effects是由Adobe公司开发的影视后期制作软件，它功能强大、易学易用，深受广大影视制作爱好者和影视后期设计师的喜爱，已经成为这一领域流行的软件之一。目前，我国很多院校的数字媒体类专业都将After Effects作为一门重要的专业课程。为了帮助教师全面、系统地讲授这门课程，使学生能够熟练地使用After Effects进行影视后期制作，几位长期在院校从事After Effects教学的教师与专业影视制作经验丰富的设计师合作，共同编写了本书。

　　根据院校的教学方向和教学特色，编者对本书的编写体系做了精心的设计。各项目按照"项目导学—任务目标—任务描述—任务实施—拓展训练"这一思路进行编排，力求通过项目任务演练，使学生快速掌握影视后期设计理念和软件功能。本书配套教学资源包主要包括素材和效果文件，读者可扫描右侧二维码进行下载。

配套素材

　　在内容编写方面，力求细致全面、重点突出；在文字叙述方面，注意言简意赅、通俗易懂；在案例选取方面，强调案例的针对性和实用性。本书由李向东、杨力希、洪丽华担任主编，汪可、吴晓、罗丽玲、王雪茹、刘锋、林梦姗担任副主编，郑常吉参与了本书的编写工作。

　　由于编者水平有限，书中难免存在疏漏和不妥之处，敬请广大读者批评指正。

编　者

目 录

■■■ Contents ── ■

After Effects入门 项目 *1*

项目导学

　　本项目通过完成任务"掌握影视后期合成基础知识""熟悉After Effects操作界面""掌握After Effects项目合成操作""尝试After Effects导入素材和渲染输出"和"制作After Effects入门动画",对After Effects软件的操作界面和面板的功能有一个清晰的认识,为初次踏入影视后期编辑制作这一领域的学生填补这方面的空白。通过本项目的学习,培养学生良好的艺术修养和人文素养,引导学生选择正确的人生道路,使学生在获得艺术享受的同时,健全自身的人格。

素养目标

　　通过本项目的学习,培养学生良好的艺术修养和人文素养,引导学生选择正确的人生道路,使学生在获得艺术享受的同时,健全自身的人格。

项目1　After Effects入门

任务1
掌握影视后期合成基础知识

任(务)目(标)

1. 掌握像素比的概念。
2. 掌握分辨率的概念。
3. 掌握帧的概念。
4. 掌握场的概念。
5. 掌握电视制式的概念。
6. 掌握视频时间码的概念。
7. 了解非线性编辑操作流程。

任(务)描(述)

掌握像素比、分辨率、帧、场、电视制式、视频时间码和非线性编辑操作等基础知识，为以后从事影视特效制作打下坚实的基础。

任(务)实(施)

1. 像素比

不同规格的电视像素的长宽比（简称像素比）也不相同，在计算机中播放时，使用的像素为方形像素；在电视机中播放时，使用 D1/DVPAL（1.09）的像素比，以保证在实际播放时，画面不变形。

像素比就是组成图像的一个像素在水平与垂直方向的比例。使用计算机图像软件制作生成的图像大多使用方形像素，即图像的像素比为 1:1，而电视设备所产生的视频图像，不一定是 1:1。

PAL 制式规定的画面宽高比为 4:3，分辨率为 720 像素 ×576 像素。如果在像素比为 1:1 的情况下，可根据宽高比的定义来推算，PAL 制图像分辨率应为 768 像素 ×576 像素，而实际 PAL 制的分辨率为 720 像索 ×576 像素，因此，实际 PAL 制图像的像素比是 768:720=16:15=1.07。即通过将正方形像素"拉长"的方法，保证了画面 4:3 的宽高比例。

在 After Effects 中，可以在新建合成的面板中设置画面的像素比。或在"项目"面板中，选择相应的素材，然后按 Ctrl+Alt+G 组合键，打开素材属性设置面板，对素材的像素比进行设置。

2. 分辨率

分辨率，又称解析度、解像度，可以细分为显示分辨率、图像分辨率、打印分辨率和扫描分辨率等。

普通电视和 DVD 的分辨率为 720 像素 ×576 像素。软件设置时应尽量使用同一尺寸，以保证分辨率统一。

过大分辨率的图像在制作时会占用大量制作时间和计算机资源，过小分辨率的图像则会在播放时清晰度不够。

3．帧

视频是由一系列单独的静止图像组成，这些静止图像称为帧，每秒连续播放多帧，利用人眼的视觉残留现象，在观众眼中就产生了平滑而连续活动的现象。

一帧是扫描获得的一幅完整图像的模拟信号，是视频图像的最小单位。在日常看到的电视或电影中，视频画面其实就是由一系列的单帧图片构成，将这些一系列单帧图片以合适的速度连续播放，就产生了动态画面效果，而这些连续播放的图片中的每一幅图片，就可以称为一帧，如一个影片的播放速度为 25 fps，就表示该影片每秒播放 25 个单帧静态画面。

帧率有时也称帧速或帧速率，表示在影片播放中，每秒钟所扫描的帧数，如 PAL 制式电视系统，帧率为 25 fps；而 NTSC 制式电视系统，帧率为 30 fps。

帧长度比是指图像的长度和宽度的比例，平时常说的 4:3 和 16:9，其实就是指图像的帧长度比。

4．场

场是视频的一个扫描过程，有逐行扫描和隔行扫描两种方式，对于逐行扫描，一帧即一个垂直扫描场；对于隔行扫描，一帧奇数场和偶数场由两场构成，是用两个隔行扫描场表示一帧。

电视机由于受到信号带宽的限制，采用的就是隔行扫描，隔行扫描是目前很多电视系统的电子束采用的一种技术，它将一幅完整的图像在水平方向分成很多细小的行，用两次扫描来交错显示，即先扫描视频图像的偶数行，再扫描奇数行而完成一帧的扫描，每扫描一次，就叫作一场。对于摄像机和显示器屏幕，获得或显示一幅图像都要扫描两遍才行。隔行扫描对分辨率要求不高的系统比较适合。

在电视播放中，由于扫描场的作用，其实人们所看到的电视屏幕出现的画面不是完整的画面，而是一个"半帧"画面。但采用 50 Hz 的帧频率隔行扫描，把一帧分为奇、偶两场，奇、偶场的交错扫描相当于遮挡板的作用。

5．电视制式

电视制式就是电视信号的标准。它的区分主要在帧频、分辨率、信号带宽，以及载频、色彩空间的转换关系上。不同制式的电视机只能接收和处理相应制式的电视信号。但现在也出现了多制式或全制式的电视机，为处理不同制式的电视信号提供了极大的方便。全制式电视机可以在各个国家的不同地区使用。各个国家的电视制式并不统一，全世界目前有三种彩色制式。

（1）PAL 制式。PAL 是英文 Phase Alteration Line 的缩写，其含义为逐行倒相，PAL 制式即逐行倒相正交平衡调幅制；它是在 1962 年制定的彩色电视广播标准，克服了 NTSC 制式相对相位失真敏感而引起色彩失真的缺点；我国和新加坡、澳大利亚、新西兰、英国等国家均使用 PAL 制式。根据不同的参数细节，它又可分为 G、I、D 等制式，其中 PAL-D 是我国内地地区采用的制式。PAL 制式电视的帧频为 25 fps，场频为 50 场/s。

（2）NTSC 制式。NTSC 是英文 National Television System Committee 的缩写，NTSC 制式是由美国国家电视标准委员会于 1952 年制定的彩色广播标准，它采用正交平衡调幅技术；NTSC 制式有色彩失真的缺陷。NTSC 制式电视的帧频为 29.97 fps，场频为 60 场 /s。美国、加拿大等大多数西半球国家以及日本、韩国等采用这种制式。

（3）SECAM 制式。SECAM 是法文 SEquential Couleur Avec Memoire 的缩写，含义为"顺序传送彩色信号与存储恢复彩色信号制"，是法国在 1956 年提出、1966 年制定的一种新的彩色电视制式。它克服了 NTSC 制式相位失真的缺点，采用时间分隔法逐行依次传送两个色差信号，不怕干扰，色彩保真度高，但是兼容性较差。目前，法国、东欧国家及中东部分国家使用 SECAM 制式。

6．视频时间码

一段视频的持续时间及它的开始帧和结束帧通常用时间单位和地址来计算，这些时间和地址被称为时间码（简称时码）。时码用来识别和记录视频数据流中的每一帧，从一段视频的起始帧到终止帧，每一帧都有一个唯一的时间地址。这样，在编辑的时候利用它可以准确地在素材上定位出某一帧的位置，方便安排编辑和实现视频及音频的同步，这种同步方式叫作帧同步。"动画和电视工程师协会"采用的时码标准为 SMPTE，其格式为小时 : 分钟：秒 : 帧。例如，一个 PAL 制式的素材片段表示为：00: 01: 30: 13。其意思是它持续 1 分钟 30 秒零 13 帧，换算成帧单位就是 2 263 帧。如果播放的帧速率为 25 帧，那么这段素材可以播放约 1 分钟 30.5 秒。

7．非线性编辑操作流程

非线性编辑是对数字视频文件的编辑和处理，与计算机处理其他数据文件一样，在计算机的软件编辑环境中可以随时、随地、多次反复地编辑和处理。非线性编辑系统设备小型化，功能集成度高，与其他非线性编辑系统或普通个人计算机易于联网，从而共享资源。

能够编辑数字视频数据的软件也称为非线性编辑软件。常用的专业非线性编辑软件有 After Effects、Premiere、Combustion、Flame 和 Vegas 等。其中，After Effects 和 Premiere 在我国使用较为普遍。一般非线性编辑的操作流程可以简单分为导入、编辑处理和输出三大部分。由于非线性编辑软件的不同，又可以细分为更多的操作步骤。

任务2
熟悉After Effects操作界面

（任）（务）（目）（标）

1. 熟悉操作界面。
2. 熟悉预置工作界面。

（任）（务）（描）（述）

After Effect 的操作界面较为人性化，近几个版本将界面中的各个窗口和面板合并到一起，不再是单独的浮动状态，这样在操作时免去了拖来拖去的麻烦。

（任）（务）（实）（施）

执行"开始"→"所有程序"→"After Effects"命令，便可启动 After Effects 软件，After Effects 软件操作界面如图 1-1 所示。

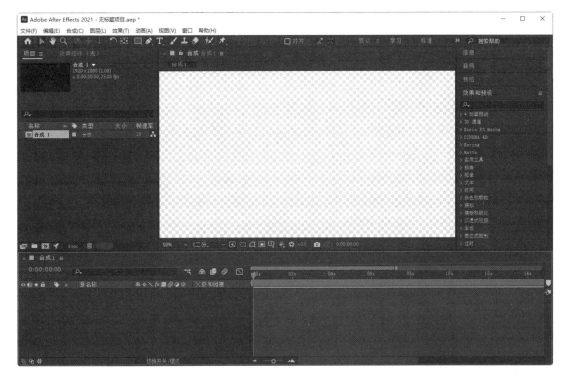

图1-1　After Effects软件操作界面

（1）"项目"面板。"项目"面板位于界面的左上角，主要用来组织、管理视频节目中所使用的素材。视频制作所使用的素材，都要首先导入"项目"面板中。可以通过文件夹的形式来管理"项目"面板，将不同的素材以不同的文件夹分类导入，以便编辑视频时操作。文件夹可以展开也可以折叠，这样更便于项目的管理，如图 1-2 所示。

技术点拨

在素材目录区的上方，标明了素材、合成或文件夹的属性，显示每个素材的不同属性。属性区域的显示可以自行设定，从"项目"菜单中的"列数"子菜单中选择打开或关闭属性信息的显示。

图1-2　导入素材后的"项目"面板

（2）"时间轴"面板。"时间轴"面板是工作界面的核心部分，视频编辑工作的大部分操作是在"时间轴"面板中进行的。它是进行素材组织的主要操作区域。当添加不同的素材后，将产生多层效果，然后通过图层的控制来完成动画的制作，如图1-3所示。

图1-3　"时间轴"面板

（3）"合成"窗口。"合成"窗口是视频效果的预览区，在进行视频项目的安排时，它是重要的窗口，在该窗口中可以预览到编辑时每一帧的效果，如图1-4所示。

（4）"效果控制台"面板。"效果控制台"面板主要用于对各种特效进行参数设置，当一种效果添加到素材上面时，该面板将显示该效果的相关参数设置，可以通过参数的设置对效果进行修改，以便达到所需要的最佳效果，如图1-5所示。

图1-4　合成窗口

（5）"效果和预设"面板。"效果和预设"面板中包含了动画预设、音频、模糊和锐化、通道、颜色校正等多种效果，是进行视频编辑的重要部分，主要针对时间轴上的素材进行效果处理，如图 1-6 所示。

图1-5　"效果控制台"面板

图1-6　"效果和预设"面板

（6）"图层"窗口。在"图层"窗口中，默认情况下是不显示图像的，如果要在"图层"窗口中显示画面，直接在"时间轴"面板中双击鼠标左键该素材层，即可打开该素材的"图层"窗口，如图1-7所示。

图1-7　"图层"窗口

（7）"预览"面板。执行菜单栏"窗口"→"预览"命令，或按Ctrl+3组合键，打开或关闭"预览"面板。"预览"面板主要用来控制素材的播放与停止，进行合成内容的预览操作，还可以进行预览的相关设置，如图1-8所示。

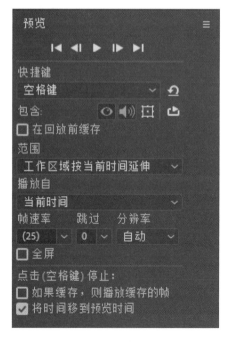

图1-8　"预览"面板

（8）工具栏。执行菜单栏"窗口"→"工具"命令，或按Ctrl+1组合键，打开或关闭工具栏，工具栏中包含了常用的工具，使用这些工具可以在合成窗口中对素材进行编辑操作，如移动、缩放、旋转、创建文字、绘制图形等，工具栏如图1-9所示。

图1-9　工具栏

在工具栏中，有些工具按钮的右下角有一个黑色的三角形箭头，表示该工具还包含其他工具，在该工具上按住鼠标左键，即可显示其他工具。

任务3
掌握After Effects项目合成操作

任务目标

1. 学习新建项目。
2. 能够打开已有项目。
3. 掌握新建合成的方法。

任务描述

启动 After Effects 软件后，如果要进行影视后期编辑操作，首先需要创建一个新的项目文件或打开已有的项目文件。这是 After Effects 进行工作的基础，没有项目是无法进行编辑工作的。合成是在一个项目中建立的，是项目文件中重要的部分。After Effects 的编辑工作都是在合成窗口中进行的，当新建一个合成后，会激活该合成的"时间轴"面板，然后在其中进行编辑工作。

任务实施

1. 新建项目

每次启动 After Effects 软件后，系统都会新建一个项目文件，用户也可以自己重新创建一个新的项目文件。

执行菜单栏"文件"→"新建"→"新建项目"命令，或按 Ctrl+Alt+N 组合键，即可新建一个项目文件。新建项目文件的各个窗口及面板都是空白的，且创建项目文件后不能进行视频编辑操作，还要创建一个合成文件，这是 After Effects 软件与一般软件不同的地方。

2. 打开已有项目

执行菜单栏"文件"→"打开项目"命令，或按 Ctrl+O 组合键，将打开已有项目。当打开一个项目文件时，如果该项目所使用的素材路径发生变化，需要为其指定新的路径。丢失的文件会用彩色条纹来代替。为素材重新指定路径的操作方法：执行菜单栏"文件"→"打开项目"命令，或按 Ctrl+O 组合键，选择一个改变素材路径的项目文件，将其打开。

　　3．新建合成

　　执行菜单栏"合成"→"新建合成"命令，或按 Ctrl+N 组合键，弹出"合成设置"对话框，如图 1-10 所示。

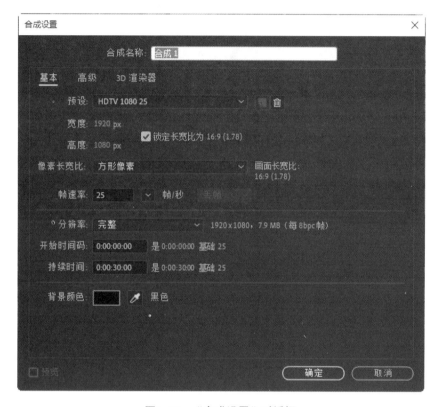

图1-10　"合成设置"对话框

　　在"合成设置"对话框中输入合适的合成名称、尺寸、帧速率、持续时间等内容后，单击"确定"按钮，即可创建一个合成文件。

任务4
尝试After Effects导入素材和渲染输出

任务目标

　　1. 掌握导入素材的方法。

　　2. 掌握 JPG 格式静态图片的导入。

3. 掌握 PSD 格式素材的导入。

4. 熟悉"渲染队列"窗口。

5. 掌握渲染设置。

6. 掌握输出模块设置。

（任）（务）（描）（述）

在进行影片的编辑时，首先要导入素材，然后才能进行合成操作。当一个视频或音频文件制作完成后，就要将最终的结果输出，以发布成最终作品。After Effects 软件提供了多种输出方式，通过不同的设置，快速输出需要的影片。

（任）（务）（实）（施）

1. 导入素材的方法

（1）执行菜单栏"文件"→"导入"→"文件"命令，或按 Ctrl+I 组合键，在弹出的"导入文件"对话框中选择要导入的文件。

（2）在"项目"面板的空白处单击鼠标右键，执行菜单栏"导入"→"文件"命令，在弹出的"导入文件"对话框中选择要导入的文件。

（3）在"项目"面板中双击鼠标左键，在弹出的"导入文件"对话框中选择要导入的文件。

（4）在 Windows 资源管理器中，选择需要导入的文件，直接拖到 After Effects 软件的"项目"面板中即可。

技术点拨

如果要同时导入多个素材，可以按住 Ctrl 键的同时逐个选择所需的素材，或按住 Shift 键的同时，选择开始的一个素材，然后再单击最后一个素材选择多个连续的文件即可；也可以执行"文件"→"导入"→"多个文件"菜单命令，多次导入需要的文件。

2. JPG 格式静态图片的导入

导入静态素材文件是素材导入最基本的操作，其操作方法如下：

（1）运行 After Effects 软件，执行菜单栏"文件"→"导入"→"文件"命令，或按 Ctrl+I 组合键，在弹出的"导入文件"对话框中选择要导入的文件，如图 1-11 所示。

（2）在弹出的"导入文件"对话框中选择要导入的文件，然后单击"导入"按钮，即可将文件导入，此时在"项目"面板上可以看到导入的图片效果。

图1-11　导入静态图片

技术点拨

有些常用的动态素材和不分层静态素材的导入方法与 JPG 格式静态图片的导入方法相同，如 avi、gif 格式的动态素材。另外，对于音频素材文件的导入方法也与不分层静态图片的导入方法相同，直接选择素材后导入即可。

3．PSD 格式素材的导入

导入 PSD 格式素材有多种方法，产生的效果也有所不同，具体导入方法如下：

（1）运行 After Effects 软件，执行菜单栏"文件"→"导入"→"文件"命令，或按 Ctrl+I 组合键，弹出"导入文件"对话框，选择"校园风光.psd"文件。

（2）单击"导入"按钮，将打开一个以素材名命名的对话框，如"校园风光.psd"，如图 1-12 所示，在该对话框中指定要导入的类型，可以是素材，也可以是合成。

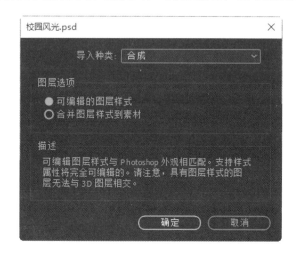

图1-12　"校园风光.psd"对话框

（3）在"导入种类"中选择不同的选项，会有不同的导入效果。"素材"导入和"合成"导入效果分别如图 1-13 和图 1-14 所示。

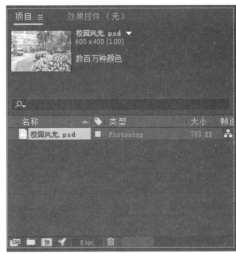

图1-13　"素材"导入效果

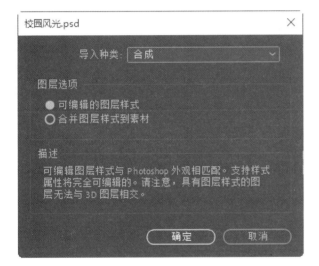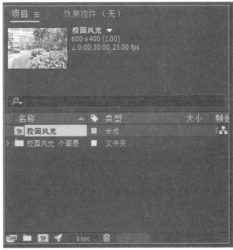

图1-14　"合成"导入效果

（4）设置完成后单击"确定"按钮，即可将设置好的素材导入"项目"面板中。

4. "渲染队列"窗口

完成影片的制作后，执行菜单栏"图像合成"→"添加到渲染队列"命令，或按Ctrl+M组合键，弹出"渲染队列"窗口，如图 1-15 所示。在"渲染队列"窗口中，主要设置输出影片的格式，这也决定了影片的播放模式。

在"渲染队列"窗口中可以设置每个项目的输出类型，每种输出类型都有独特的设置。渲染是一项重要的技术，熟悉渲染技术的操作是使用 After Effects 软件制作影片的关键。

图1-15 "渲染队列"窗口

（1）全部渲染。单击█ 渲染 █按钮后，系统开始进行渲染，相关的渲染信息也将显示出来。

消息：渲染时内存的使用状况。

RAM：渲染时内存的使用状况。

渲染已开始：渲染的开始时间。

已用总时间：渲染耗费的时间。

（2）当前渲染。此部分显示渲染的进度，包括"已用时间""剩余时间"等参数项。

（3）渲染信息。显示当前渲染的数据细节。

渲染：该区域下显示被渲染项目的名称、包含的图层及进程等。

渲染时间：该区域下显示每帧渲染的时间细节。

（4）渲染队列。在"渲染队列"窗口的下方显示了所有等待渲染的项目。选中某个项目后按 Delete 键，可以将该项目从队列中删除。使用鼠标拖动某个项目，可以改变该项目在渲染队列中的排列顺序。要输出的项目的所有详细信息都在渲染队列中设置。

5．渲染设置

单击"渲染设置"左侧的按钮，展开"渲染设置"参数项，可查看详细的数据。

在当前渲染设置类型的名称上单击鼠标左键，可弹出"渲染设置"对话框，在"渲染设置"对话框中可以设置自己需要的渲染方式。

（1）合成组名称。

品质：用于设置影片的渲染质量，有最佳、草稿和线框图三种模式。

分辨率：用于设置影片的分辨率，有完整、1/2、1/3、1/4 和自定义 5 个选项，单击"自定义"选项可以自己设置分辨率。

大小：用于设置渲染输出的影片的大小。

磁盘缓存：用于设置渲染缓存。

代理使用：用于设置渲染时是否使用代理。

效果：用于设置渲染时是否渲染效果。

独奏开关：用于设置是否渲染 Solo（独奏）层。

引导层：用于设置是否渲染 Guide（引导）层。

颜色深度：用于设置渲染项目的 Color Bit Depth（颜色深度）。

（2）时间采样。

帧混合：用于设置渲染项目中所有图层的帧混合。

场渲染：用于设置渲染时的场。如果选择关选项，系统将渲染不带场的影片；可以选择渲染带场的影片，而且还要选择是上场优先还是下场优先。

3∶2 Pulldown：当设置场优先之后，在该下拉列表中选择场的变换方法。

运动模糊：用于设置渲染影片是否使用运动模糊。

时间跨度：用于设置渲染项目的时间范围。

帧速率：用于设置渲染项目的帧速率。

（3）选项。

跳过现有文件（允许多机渲染）：用于设置渲染时是否忽略已渲染完成的文件。

6．输出模块设置

在当前设置类型的名称上单击鼠标左键，可弹出"输出模块设置"对话框。

（1）基于无损。

格式：选择不同的文件格式，系统将显示该文件格式的相应设置。

渲染后动作：用于设置渲染后要继续的操作。

包括项目链接：用于设置输出是否包括项目链接。

包括源 XMP 元数据：用于设置输出是否包括源 XMP 元数据。

（2）视频输出。

通道：用于设置渲染影片的输出通道。依据文件格式和使用的编码器的不同，输出的通道也有所不同。

深度：用于设置渲染影片的颜色深度。

颜色：用于设置产生 Alpha 通道的类型。

（3）调整大小。可以在"调整大小"选项组中输入新的影片尺寸，也可以在"自定义"下拉列表中选择常用的影片格式。

（4）裁剪。用于设置是否在渲染影片边缘修剪像素。正值裁剪像素，负值增加像素。

（5）自动音频输出。如果影片带有音频，可以激活该选项，输出音频。单击下方的"格式选项"按钮，可以选择相应的编辑解码器。在下方的 3 个下拉列表中，分别设置音频素材的采样速度、量化位数及回放格式。

任务5
制作After Effects入门动画

任 务 目 标

1.掌握导入素材的方法。

2. 掌握通过图层直接新建合成并设置的方法。

3. 能够添加素材到"时间轴"面板。

4. 掌握图层对象旋转 / 位移 / 透明度关键帧的设置。

任(务)描(述)

本任务主要通过一个简单的入门动画来讲解 After Effects 的制作流程。任务中涉及导入素材、新建合成、设置图层关键帧等操作。通过本任务的学习，希望读者对 After Effects 软件的操作界面和面板的功能有一个清晰的认识。入门动画效果如图 1-16 所示。

图1-16　入门动画效果

任(务)实(施)

（1）导入素材。打开 After Effects 软件，按 Ctrl+I 组合键，弹出"导入文件"对话框，以合成的方式导入素材"校园风光 .psd"文件，如图 1-17 所示。

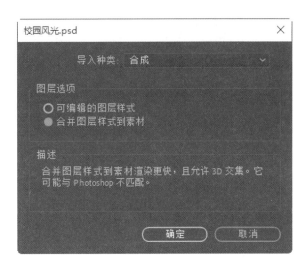

图1-17 以合成方式导入素材

（2）设置合成。按 Ctrl+K 组合键，弹出"合成设置"对话框，设置合成参数如图 1-18 所示。

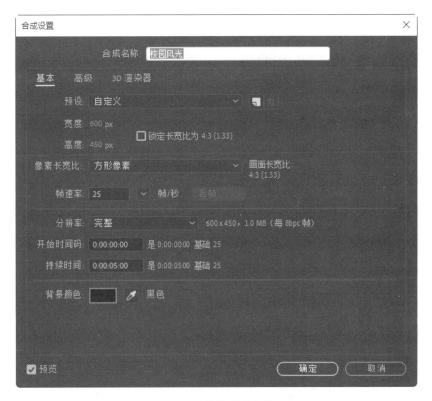

图1-18 设置合成参数

（3）添加素材到"时间轴"面板。在"项目"面板中双击鼠标左键打开"校园风光"合成，在"图层"面板中有 4 个图层，如图 1-19 所示。

（4）调整图层。在"时间轴"面板中，选择第 1 层，将时间指示器移动到 0: 00: 03: 00 帧的位置，在"时间轴"面板按住鼠标左键，使其起始位置位于"时间轴"面板的第 3 秒处，如图 1-20所示。

图1-19　添加素材

图1-20　设置起始位置

（5）调整位置。选中第3层，使用"选取"工具将该图层的图形移到合成窗口的右下角，使用"向后平移（锚点）"工具■将锚点移动到图形中心，效果如图1-21所示。

图1-21　设置图层的位置

（6）设置旋转动画。选中第3层，按R键，打开旋转属性。确保时间指示器处于0：00：00：00帧的位置，激活其属性前面的"时间变化秒表"按钮■，此时在该图层的时间轴区域将生成一个关键帧，记录该图层的旋转角度。拖动时间指示器到 0: 00: 04: 24 帧的位置，设置旋转角度为 "1x+0.0°"，如图 1-22 所示。

图1-22　设置旋转角度

（7）设置位置动画。选择第 2 层，按 P 键，打开位置属性，将时间指示器处于 0: 00: 03: 00 帧的位置，激活其属性前面的 "时间变化秒表" 按钮，将时间指示器处于 0: 00: 00: 00 帧的位置，并设置位置坐标为（300.0，600.0），此时在该图层的时间轴区域将生成一个关键帧，如图 1-23 所示。

图1-23　在两个位置处的关键帧

（8）设置文字动画。选择第 1 层，按 T 键，打开不透明度属性。拖动时间指示器到 0: 00: 03: 00 帧的位置，激活其属性前面的 "时间变化秒表" 按钮，设置不透明度为 0，在该图层的时间轴将生成一个关键帧；拖动时间指示器到 0: 00: 04: 00 帧的位置，设置不透明度为 100%，如图 1-24 所示。

图1-24　在两个位置处的关键帧

（9）编辑完成后，执行菜单栏 "文件" → "保存" 命令，保存文件。

（10）渲染输出。执行菜单栏 "图像合成" → "添加到渲染队列" 命令，或按 Ctrl+M 组合键，打开 "渲染队列" 窗口，单击无损按钮，弹出 "输出模块设置" 对话框，设置输出格式为 .avi。

（11）返回 "渲染队列" 窗口，单击　渲染　按钮，输出视频。效果如图 1-16 所示。

📝 **拓展训练**

制作"志愿者在行动"相册

训练要求

（1）学会导入带有图层的素材。

（2）为图层对象添加位置和不透明度关键帧。

步骤指导

（1）导入素材"志愿者在行动.psd"，新建合成（5s）。

（2）在 1~3s 为照片对象建立位置关键帧。

（3）在 3~3.15s 为文字"志愿者在行动"建立不透明度关键帧。

效果如图 1-25 所示。

图1-25 "志愿者在行动"效果图

二维合成　项目2

　　本项目通过完成任务"认识图层""认识关键帧动画""制作飞行动画"和"制作飞行的热气球",学会初级动画合成制作。在影视特效合成中只有制作出优美的动画效果才能锻造出优美的作品。通过这一项目的学习,提升学生的学习能力和艺术综合素养,引导学生形成正确的人生观、价值观。

素养目标

　　通过本项目的学习,提升学生的学习能力和艺术综合素养,引导学生形成正确的人生观、价值观。

项目2　二维合成

任务1
认识图层

任(务)(目)(标)

1. 了解图层的概念。
2. 掌握图层的基本操作。
3. 掌握图层的属性。

任(务)(描)(述)

在 After Effects 软件中无论是创作、合成动画，还是效果处理等操作都离不开图层，因此，制作动态影像的第一步就是了解和掌握图层。"时间轴"面板中的素材都是以图层的方式按照上下位置关系依次排列组合的。

任(务)(实)(施)

1. 图层的概念

可以将 After Effects 软件中的图层想象为一层层叠放的透明胶片，上一层有内容的地方将遮盖住下一层的内容，上一层没有内容的地方则露出下一层的内容，上一层的部分处于半透明状态时，将依据半透明程度混合显示下层内容，这是图层最简单、最基本的概念。图层与图层之间还存在更复杂的合成组合关系，如叠加模式、蒙版合成方式等，如图 2-1 所示。

图2-1　图层的示意图

2. 图层的基本操作

（1）创建图层。图层的创建非常简单，只需要将导入"项目"面板中的素材，拖动到"时间轴"面板中即可创建图层。如果同时拖动几个素材到"时间轴"面板中，就可以创建多个图层。

（2）选择图层。要想编辑图层，首先要选择图层。选择图层可以在"时间轴"面板或合成窗口中完成。

👨‍🏫 **技术点拨**

（1）如果要选择某一个图层，可以在"时间轴"面板中直接单击该图层，也可以在"合成"窗口中单击该图层的任意素材图像。

（2）如果要选择多个图层。可以在按住 Shift 键的同时，选择连续的多个图层；按住 Ctrl 键依次单击要选择的图层名称，可以选择多个不连续的图层；还可以从"时间轴"面板中的空白处单击拖出一个矩形框，与框有交叉的图层将被选择。

（3）如果要选择全部图层，可执行菜单栏"编辑"→"选择全部"命令，或按 Ctrl+A 组合键；如果要取消图层的选择，可执行菜单栏"编辑"→"取消全部"命令，或在"时间轴"面板中的空白处单击，即可取消图层的选择。

（4）删除图层。有时由于错误的操作，可能会产生多余的图层，此时需要将其删除。删除图层的方法十分简单，首先选择要删除的图层，然后执行菜单栏"编辑"→"清除"命令，或按 Delete 键即可。

（5）修改图层的顺序。选择某个图层后，按住鼠标左键将它拖动到需要的位置，当出现一个黑色的长线时，释放鼠标即可改变图层顺序。

还可以应用菜单栏"图层"→"排列"命令下的子命令，改变图层的顺序。

向上移动图层：Ctrl+］组合键　　　　　　　向下移动图层：Ctrl+［组合键

图层置顶：Ctrl+Shift+］组合键　　　　　　图层置底：Ctrl+Shift+［组合键

（6）图层的复制与粘贴。复制命令可以将相同的素材快速重复使用，选择要复制的图层后，执行"编辑"→"复制"命令，或按 Ctrl+C 组合键，可以将图层复制。

在目标的合成中，执行菜单栏"编辑"→"粘贴"命令，或按 Ctrl+V 组合键，即可将图层粘贴，粘贴的图层将位于当前选择图层的上方。

（7）图层的复本。执行菜单栏"编辑"→"副本"命令，或按 Ctrl+D 组合键，可以快速复制一个位于所选图层上方的副本图层。

副本和复制的不同之处在于：副本命令只能在同一个合成中完成副本的制作，不能到合成复制；而复制命令可以在不同的合成中完成复制。

3．图层的属性

在视频编辑过程中，图层属性是制作视频的重点，可以辅助视频制作及特效显示。下面讲解这些常用属性。

（1）图层的基本属性。图层的基本属性主要包括图层的显示与隐藏、音频的显示与隐藏、图层的独奏、图层的锁定及重命名。

①"图层的显示与隐藏" 👁 ：单击该图标，可以将图层在显示与隐藏之间切换。图层的隐藏不但可以关闭该图层图像在合成窗口中的显示，还影响最终输出效果，如果想在输出的画面中出现该图层，还要将其设置为显示。

②"音频的显示与隐藏" ：在图层的左侧有一个音频图标，添加音频图层后，单击该图标，图标会消失，在预览合成时将听不到声音。

③"图层的独奏" ：在图层的左侧有一个图层的独奏图标，单击该图标，其他图层的视频图标就会变为灰色，在合成窗口中只显示开启独奏的图层，其他图层处于隐藏状态。

④"图层的锁定" ：单击该图标，可以将图层在锁定和解锁之间切换。图层锁定后，将不能再对该图层进行编辑。

⑤"重命名"：单击选择层，并按 Enter 键，激活输入框，然后直接输入新的名称即可，图层的重命名可以更好地对不同图层进行操作。

（2）图层的高级属性。在"时间轴"面板的中部有一个属性区，主要用来对素材层显示、质量、特效、动态模糊等属性进行设置与显示。

①"消隐" ：单击"消隐"图标，可以将选择图层隐藏，而图标样式会变为 图标，但"时间轴"面板中的图层不发生任何变化。如果想隐藏该设置的图层，可以在"时间轴"面板上方单击"消隐开关"按钮 ，即可开启消隐功能。

②"塌陷" ：单击"塌陷"图标后，嵌套图层的质量会提高，渲染时间减少。

③"质量和采样" ：用于设置合成窗口中素材的显示质量，单击图标可以切换高质量与低质量两种显示方式。

④"效果" ：在图层上增加效果后，当前图层将显示"效果"图标，单击"效果"图标后，当前图层就取消了效果的应用。

⑤"帧混合" ：可以在渲染时对影片进行柔和处理，通常在调整素材播放速率后单击应用。首先在"时间轴"面板中选择动态素材层，然后单击帧"混合"图标，最后在"时间轴"面板上方单击"帧混合开关"按钮，开启帧混合功能。

⑥"运动模糊" ：可以在 After Effects 软件中记录图层位置运动时产生模糊效果。

⑦"调整图层" ：可以将原图层制作成透明图层，在开启"调整图层"图标后，在调整图层下方的这个图层上可以同时应用其他效果。

⑧"3D 图层" ：可以将二维图层转换为三维图层，开启"3D 图层"图标后，图层将具有 Z 轴属性。

在"时间轴"面板的上方包含 5 个开关按钮，用来对视频进行相关的属性设置。

①"合成微型流程图"按钮 ：开启该功能，打开流程图窗口，可以清楚地看到当前制作的逻辑结构。

②"消隐开关"按钮 ：隐藏为其设置"消隐"的所有图层。

③"帧混合开关"按钮 ：为设置了"帧混合"的所有图层启用帧混合。

④"运动模糊开关"按钮 ：为设置了"运动模糊"的所有图层启用运动模糊。

⑤"图表编辑器"按钮 ：开启该功能，打开图表编辑器，可以通过曲线调整动画。

（3）图层属性设置。

在"时间轴"面板中，每个图层都有相同的基本属性设置，包括图层的锚点、位置、缩放、旋转和不透明度，这些常用图层属性是进行动画设置的基础，也是修改素材比较常用的属性设置，是掌握基础动画制作的关键所在。

当创建一个图层时，图层列表也相应出现，应用的特效越多，图层列表的选项也就越多，图层的大部分属性修改、动画设置，都可以通过图层列表中的选项来完成。展开图层列表，可以单击图层左侧的 > 按钮，如图 2-2 所示。

"锚点"：主要用来控制素材的旋转或缩放中心，即素材的旋转或缩放中心点位置。

"位置"：用来控制素材在合成窗口中的相对位置，为了获得更好的效果，位置和锚点参数可结合应用。

"缩放"：用来控制素材的大小，可以通过直接拖动的方法来改变素材大小，也可以修改参数来改变素材的大小。

"旋转"：用来控制素材的旋转角度，依据锚点的位置，使用旋转属性，可以使素材产生相应的旋转变化。

图2-2 图层列表显示效果

"不透明度"：用来控制素材的透明度程度。

任务2
认识关键帧动画

任务目标

1. 创建关键帧。
2. 查看关键帧。
3. 编辑关键帧。

任务描述

在 After Effects 软件中，所有的动画效果基本都有关键帧的参与，关键帧是组成动画的基本元素，关键帧动画至少要通过两个关键帧来完成。特效的添加及改变也离不开关键帧，可以说，掌握了关键帧的应用，也就掌握了动画制作的基础和关键。

任务实施

1. 创建关键帧

在 After Effects 软件中，基本上每一个特效或属性，都对应一个"时间变化秒表"，要想创建关键帧，可以单击该属性左侧的"时间变化秒表"，将其激活。这样，在"时间轴"面板中，当前时间位置将创建一个关键帧，取消"时间变化秒表"的激活状态，将取消该属性所有的关键帧。

创建关键帧时，首先在"时间轴"面板展开图层列表，单击某个属性，如"位置"左侧的"时间变化秒表"按钮 ⏱️，将其激活，这样就创建了一个关键帧，如图2-3所示。

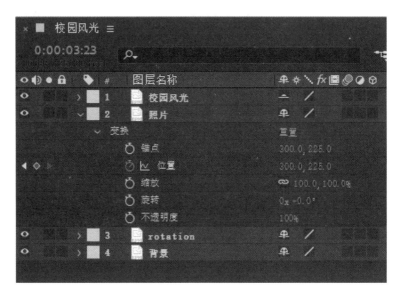

图2-3 创建关键帧

如果"时间变化秒表"已经处于激活状态，即表示该属性已经创建了关键帧。可以通过其他方法再次创建关键帧，但不能再使用"时间变化秒表"来创建，因为再次单击"时间变化秒表"，将取消"时间变化秒表"的激活状态，这样就自动取消了所有关键帧。

2．编辑关键帧

创建关键帧后，有时还需对关键帧进行修改，这时就需要重新编辑关键帧。关键帧的编辑包括选择关键帧、移动和加长或缩短关键帧、复制和粘贴关键帧及删除关键帧。

（1）选择关键帧。编辑关键帧的首要条件是选择关键帧，选择关键帧的操作很简单，只要在"时间轴"面板中直接单击关键帧图标，关键帧将显示为蓝色，表示已经选定关键帧。

配合 Shift 键，可以选择多个关键帧。

（2）移动和加长或缩短关键帧。关键帧的位置可以随意移动，以更好地控制动画效果。可以同时移动一个关键帧，也可以同时移动多个关键帧，还可以将多个关键帧距离拉长或缩短。

①移动关键帧。选择关键帧后，按住鼠标左键拖动关键帧到需要的位置，就可以移动关键帧。

②拉长或缩短关键帧。选择多个关键帧后，同时按住鼠标左键和 Alt 键，向外拖动拉长关键帧距离，向里拖动缩短关键帧距离。这种距离的改变，只是改变所有关键帧的距离大小，关键帧之间的相对距离是不变的。

（3）复制、粘贴关键帧。在"时间轴"面板中按 Ctrl+C 组合键，对选择的关键帧进行复制，然后，按 Ctrl+V 组合键粘贴，即可完成重复动画的制作。

（4）删除关键帧。如果在操作时出现了失误，添加了多余的关键锁，可以按 Delete 键将不需要的关键帧删除。

任务3
制作飞行动画

任务目标

1. 掌握"缩放"和"位置"关键帧动画制作方法。
2. 掌握"投影"效果设置方法。

任务描述

应用"导入"命令导入素材，使用"缩放"和"位置"选项制作飞行动画；应用"阴影"命令制作投影效果。飞行动画效果如图 2-4 所示。

图2-4　飞行动画效果

任 务 实 施

（1）按 Ctrl+N 组合键，弹出"合成设置"对话框，在"合成名称"文本框中输入"飞行动画"，其他选项的设置如图 2-5 所示，单击"确定"按钮，创建一个新的合成"飞行动画"。

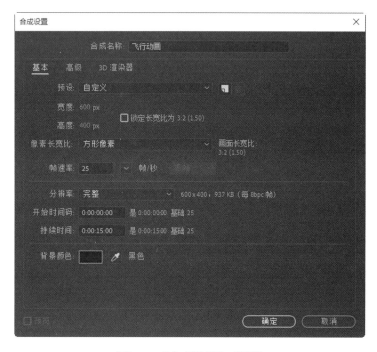

图2-5 "合成设置"对话框

（2）执行菜单栏"文件"→"导入"→"文件"命令，弹出"导入文件"对话框，选择素材盘中"背景 .jpg""纸飞机 .png"文件，单击"导入"按钮，将图片导入"项目"面板，如图 2-6 所示。

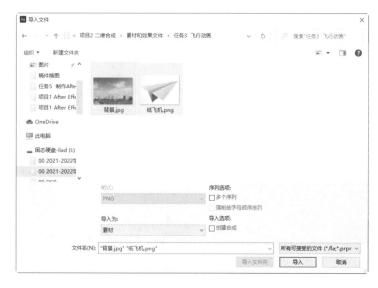

图2-6 导入素材

（3）在"项目"面板中选择"背景.jpg"和"纸飞机.png"文件，并将它们拖曳到"时间线"面板中，如图2-7所示。"合成"窗口中的效果如图2-8所示。

图2-7 "时间线"面板

图2-8 "合成"窗口中的效果

（4）选中"纸飞机.png"层，按S键展开"缩放"属性，设置"缩放"选项的数值为40，如图2-9所示。

图2-9 设置"缩放"属性

（5）按P键展开"位置"属性，设置"位置"选项的数值为-48、168，"合成"窗口中的效果如图2-10所示。

图2-10 设置"位置"属性

（6）在"时间线"面板中将时间标签放置在"00s"的位置，单击"位置"选项左侧的"关键帧自动记录器"按钮 ，如图2-11所示，记录第1个关键帧。

图2-11 设置第1个关键帧

（7）将时间标签放置在"12s"的位置，在"时间线"面板中设置"位置"选项的数值为645、180，如图2-12所示，记录第2个关键帧。

图2-12 设置第2个关键帧

（8）将时间标签放置在"02s"的位置，选择"选择"工具，在"合成"窗口中选中纸飞机，将其拖动到如图2-13所示的位置，记录第3个关键帧。

图2-13 设置第3个关键帧

（9）将时间标签放置在"04s"的位置，选择"选择"工具，在"合成"窗口中选中纸飞机，将其拖动到如图2-14所示的位置，记录第4个关键帧。

图2-14 设置第4个关键帧

（10）将时间标签放置在"06s"的位置，选择"选择"工具，在"合成"窗口中选中纸飞机，将其拖动到如图2-15所示的位置，记录第5个关键帧。

图2-15　设置第5个关键帧

（11）将时间标签放置在"08s"的位置，选择"选择"工具，在"合成"窗口中选中纸飞机，将其拖动到如图2-16所示的位置，记录第6个关键帧。

图2-16　设置第6个关键帧

（12）将时间标签放置在"10s"的位置，选择"选择"工具，在"合成"窗口中选中纸飞机，将其拖动到如图2-17所示的位置，记录第7个关键帧。

（13）执行"图层"→"变换"→"自动定向"命令，弹出"自动方向"对话框，选择"沿路径定向"单选项，如图2-18所示，单击"确定"按钮，对象沿路径的角度变换。

（14）执行"效果"→"透视"→"投影"命令，调整距离与柔和度参数，如图2-19所示。

（15）飞行动画制作完成，如图2-4所示。

图2-17 设置第7个关键帧

图2-18 自动定向设置

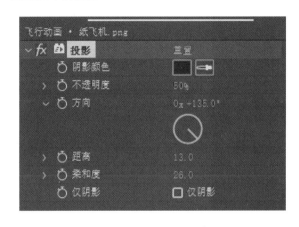

图2-19 设置"投影"参数

任务4
制作飞行的热气球

任务目标

1. 掌握图层图形对象的旋转和缩放属性设置方法。

2. 掌握图层图形对象位置关键帧设置方法。

任务描述

本任务主要通过设置图层图形对象的旋转和缩放属性，以及设置图层图形对象的位置关键帧，制作出两个热气球在空中飞过的动画效果。飞行的热气球动画效果如图2-20所示。

图2-20   "飞行的热气球"效果图

任务实施

（1）按 Ctrl+N 组合键，弹出"合成设置"对话框，在"合成名称"文本框中输入"飞行的热气球"，其他选项的设置如图 2-21 所示，单击"确定"按钮，创建一个新的合成"飞行的热气球"。

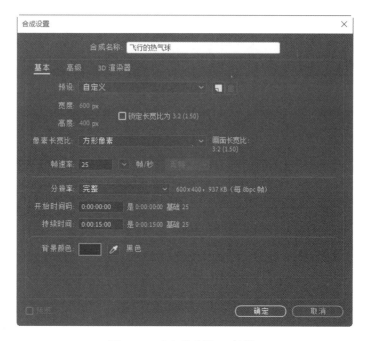

图2-21   "合成设置"对话框

（2）执行菜单栏"文件"→"导入"→"文件"命令，弹出"导入文件"对话框，选择素材盘中"背景.jpg""热气球1.png"和"热气球2.png"文件，单击"导入"按钮，将图片导入"项目"面板，如图2-22所示。

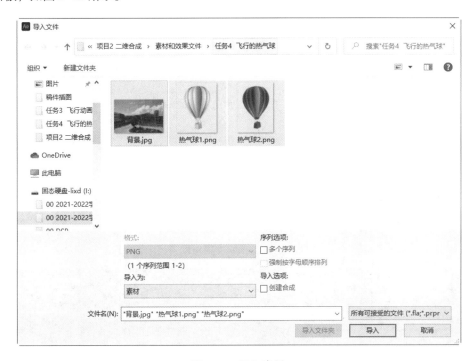

图2-22 导入素材

（3）在"项目"面板中选择"背景.jpg"和"热气球1.png"文件，并将它们拖曳到"时间线"面板中，如图2-23所示。"合成"窗口中的效果如图2-24所示。

图2-23 "时间线"面板

（4）选中"热气球1.png"图层，按R键展开"旋转"属性，设置"旋转"选项的数值为-16.0°，如图2-25所示。

图2-24　"合成"窗口效果

图2-25　设置"旋转"属性

（5）选中"热气球1.png"图层，按S键展开"缩放"属性，设置"缩放"选项的数值为50，如图2-26所示。

图2-26　设置"缩放"属性

（6）在"时间线"面板中将时间标签放置在"00s"的位置，用"选取"工具将"热气球1"移动到图2-27所在位置，按P键展开"位置"属性，单击属性前面的  按钮将其激活，记录第1个关键帧。

图2-27 设置"热气球1"起始位置

（7）在"时间线"面板中将时间标签放置在"14s"的位置，用"选取"工具将"热气球1"移动到图2-28所在位置，记录第2个关键帧。

图2-28 设置"热气球1"结束位置

（8）在"时间线"面板中将时间标签放置在"04s"的位置，用"选取"工具将"热气球1"移动到图2-29所在位置，记录第3个关键帧。

图2-29　设置"热气球1"第3个关键帧

（9）在"时间线"面板中将时间标签放置在"08s"的位置，用"选取"工具将"热气球 1"移动到图 2-30 所在位置，记录第 4 个关键帧。

图2-30　设置"热气球1"第4个关键帧

（10）同理从"项目"面板将"热气球 2.png"文件拖曳到"时间线"面板中，放置在"热气球 1.png"之上，设置"旋转"选项的数值为-16°，设置"缩放"选项的数值为50，如图 2-31 所示。

图2-31 设置"热气球2"旋转和缩放属性

（11）按照上述（6）设置"位置"属性，记录第1个关键帧，如图2-32所示。

图2-32 设置"热气球2"第1个关键帧

（12）按照上述（7）设置"位置"属性，记录第2个关键帧，如图2-33所示。

图2-33 设置"热气球2"第2个关键帧

（13）按照上述（8）设置"位置"属性，记录第3个关键帧，如图2-34所示。

图2-34 设置"热气球2"第3个关键帧

（14）按照上述（9）设置"位置"属性，记录第4个关键帧，如图2-35所示。

图2-35 设置"热气球2"第4个关键帧

（15）飞行的热气球制作完成，如图2-20所示。

拓展训练

制作会飞的剪纸风筝

训练要求

（1）导入PNG图像，设置旋转角度。

（2）设置位置关键帧。

步骤指导

（1）导入素材，新建合成。

（2）使用"基本文字"和"路径文字"命令输入文字。

（3）执行"效果"→"风格化"→"发光"命令，设置关键帧为英文字添加发光效果。

完成效果如图2-36所示。

图2-36 会飞的剪纸风筝效果图

蒙版合成　项目3

本项目通过完成任务"认识蒙版""实现转场过渡动画""制作扫光动画"和"制作打开的折扇",学会创建蒙版和编辑蒙版。在影视特效合成中,蒙版模块是最基础的功能,大多数作品的剪辑合成,都离不开蒙版功能的使用。通过本项目的学习,培养学生的基础合成能力。

素养目标

通过本项目的学习,培养学生的基础合成能力。

项目3　蒙版合成

任务1
认识蒙版

任务目标

1. 了解蒙版的原理，学习形状蒙版的创建方法。

2. 创建不规则蒙版。

3. 能够编辑蒙版形状。

4. 掌握蒙版属性的修改。

5. 了解蒙版的混合模式。

任务描述

蒙版在 After Effects 制作视频中是不可或缺的一环，它不被看见，却决定了被看见的内容和被看见的范围，是叠加视频内容的好帮手。

任务实施

1. 创建蒙版

蒙版主要用来去除图像多余的背景，以及制作图像之间平滑过渡等效果。After Effects 软件提供了多种创建蒙版的工具，可以直接使用这些工具在素材层、纯色层或其他层中创建蒙版，也可以直接导入 Photoshop 或 Illustrator 等第三方软件中的路径来创建。

（1）创建规则蒙版。在工具栏中的"矩形"工具按钮 ■ 上单击并按住鼠标左键，即会弹出规则蒙版工具下拉菜单，如图 3-1 所示，利用该组工具可以绘制不同类型的规则蒙版。

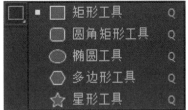

图3-1　规则蒙版工具下拉菜单

技术点拨

按住 Shift 键的同时拖动鼠标，可以创建正方形、正圆角矩形、正圆形蒙版，在创建多边形蒙版和星形蒙版时，按住 Shift 键可固定它们的创建角度。

（2）创建不规则蒙版。使用工具栏中的"钢笔"工具可以创建任意形状的不规则蒙版。单击工具栏中的"钢笔"工具按钮 ✏️，在需要添加蒙版的图层上单击可添加直线连接点，单击并按住鼠标左键拖动可添加曲线连接点，最后回到起点单击，闭合路径即可完成蒙版的创建，如图 3-2 所示。

图3-2 用"钢笔"工具创建蒙版

技术点拨

用"钢笔"工具可以绘制闭合的路径，也可以绘制开放的路径，但只有闭合的路径才能起到蒙版的作用；开放的路径可辅助完成其他动画及特效效果。

（3）输入数据创建蒙版。选择需要添加蒙版的图层，执行菜单栏"图层"→"蒙版"→"新建蒙版"命令，系统会沿当前层的边缘创建一个蒙版；选中创建的蒙版，执行菜单栏"图层"→"蒙版"→"蒙版形状"命令，即会打开"蒙版形状"对话框，如图3-3所示。在其"定界框"选项组中可以设置蒙版的范围和单位；在"形状"选项组中可指定蒙版的形状。

（4）导入第三方软件路径。在 After Effects 软件中可以导入第三方软件中的路径。在 Photoshop 或 Illustrator 等软件中，将绘制好的路径复制，在 After Effects CC 软件中选中需要添加蒙版的图层，执行菜单栏"编辑"→"粘贴"命令，即可完成蒙版的引用。

2. 编辑蒙版形状

为了使蒙版更适合图像轮廓要求，时常需要对创建的蒙版进行修改，下面就来介绍一下蒙版形状的编辑方法。

图3-3 "蒙版形状"对话框

（1）选择蒙版的控制点。在 After Effects 软件中，蒙版的控制点有两种类型，即连接直线的角点和连接曲线的曲线点，在曲线点的两侧有控制柄，可以调节曲线的弯曲程度。

单击工具栏中的"选取"工具按钮 ，在蒙版的控制点上单击即可选中控制点，按住 Shift

键并单击，可同时选择多个控制点；也可以通过按住鼠标左键拖动，以框选的方式选择控制点，包含在选框中的控制点将全部被选中。

技术点拨

选中的控制点以实心矩形表示，未选中的控制点以空心矩形表示。通过调整已选中控制点的位置可以改变蒙版的形状。

在蒙版任意位置双击鼠标左键，可以快速选择所有控制点，并出现约束控制框，通过约束控制框可以实现对蒙版的缩放、旋转等操作，如图3-4所示。

图3-4　选择控制点及约束控制框操作

（2）编辑蒙版的控制点。在工具栏中的"钢笔"工具按钮 ✐ 上单击并按住鼠标左键，在其弹出的下拉菜单中包含了编辑蒙版形状的4个工具，如图3-5所示，运用这组工具可以实现对蒙版形状的编辑。

①添加"顶点"工具 ✐ ：在蒙版上需要增加控制点的位置单击，可以添加控制点。

②删除"顶点"工具 ✐ ：在蒙版上需要删除的控制点上单击，即可删除该控制点；也可以通过选中欲删除的控制点，按Delete键删除。

③转换"顶点"工具 ▶ ：在控制点上单击可以将曲线点转换为角点；在角点上单击并按住鼠标左键拖动，可将角点转换为曲线点，调节控制句柄可以改变曲线的曲率。

④蒙版羽化工具 ✐ ：在蒙版的任意位置单击并按住鼠标左键向外拖动，调节羽化值的大小，即可为蒙版添加羽化效果，如图3-6所示。

3．修改蒙版的属性

蒙版的属性主要包括蒙版路径、蒙版羽化、蒙版不透明度和蒙版扩展等，可以在"时间轴"面板中修改蒙版的属性，如图3-7所示。

（1）蒙版路径：单击其右侧的"形状"，将会弹出"蒙版形状"对话框，如图3-3所示，前面已做阐述，在此不再赘述。

图3-5　编辑模板工具下拉菜单

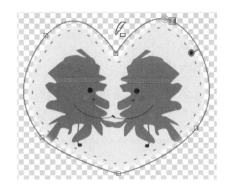

图3-6　蒙版羽化工具的使用

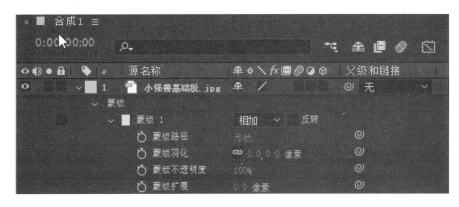

图3-7　蒙版属性列表

（2）蒙版羽化：用于设置蒙版羽化效果。

（3）蒙版不透明度：用于设置蒙版内图像的不透明度。

（4）蒙版扩展：用于对当前蒙版区域进行伸展或收缩。当参数为正值时，蒙版范围在原始基础上伸展；当参数为负值时，蒙版范围在原始基础上收缩。

（5）反转：默认状态下，蒙版以内显示当前图层的图像，蒙版以外为透明区域。选中"反转"复选框后，蒙版的区域将反转，如图 3-8 所示。

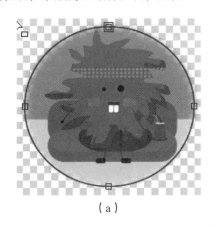

（a）

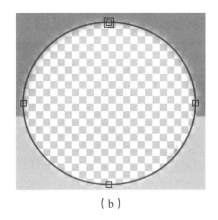

（b）

图3-8　蒙版"反转"实例

（a）默认蒙版；（b）反转蒙版

（6）锁定🔒：单击蒙版名称前方的"锁定"开关，可以将蒙版锁定，锁定后的蒙版将不能被修改。

4. 蒙版的混合模式

当在一个层上创建了多个蒙版时，可以在这些蒙版之间运用不同的混合模式以产生不同的效果。在蒙版右侧的下拉菜单中，显示了蒙版混合模式选项，如图3-9所示。

图3-9　蒙版混合模式选项

（1）"无"模式。选择此模式，蒙版将不起作用，不在图层上产生透明区域，而只作为路径存在，如图3-10所示。

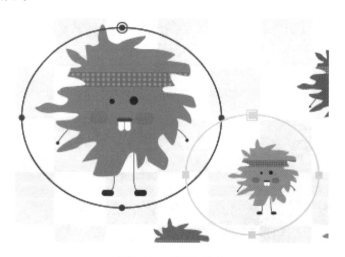

图3-10　"无"模式

（2）"相加"模式。此模式是蒙版的默认模式，使用此模式，会在合成图像上显示所有蒙版，蒙版相交部分的不透明度相加，如图3-11所示。

（3）"相减"模式。使用此模式，上面的蒙版会减去下面的蒙版，被减区域的内容不在合成图像上显示，如图3-12所示。

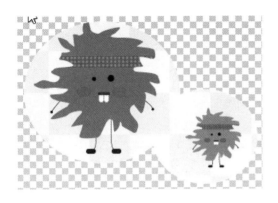

图3-11　"相加"模式　　　　　　　　　　　　图3-12　"相减"模式

（4）"交集"模式。使用此模式，只会显示所选蒙版与其他蒙版相交部分的内容，所有相交部分的不透明度相减，如图 3-13 所示。

（5）"变亮"模式。该模式与"相加"模式相同，但相交部分的不透明度采用不透明度较高的那个值，如图 3-14 所示，左侧蒙版 1 的不透明度为 80%，右侧蒙版 2 的不透明度为 35%。

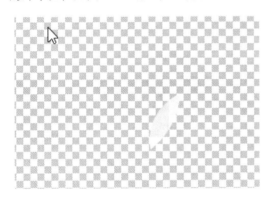

图3-13　"交集"模式　　　　　　　　　　　　图3-14　"变亮"模式

（6）"变暗"模式。该模式与"交集"模式相同，但相交部分的不透明度采用不透明度较低的那个值，如图 3-15 所示，左侧蒙版 1 的不透明度为 80%，右侧蒙版 2 的不透明度为 35%。

（7）"差值"模式。该模式蒙版采用并集减交集的方式，在合成图像上只显示相交部分以外的所有蒙版区域，如图 3-16 所示。

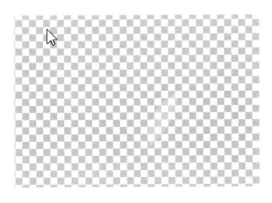

图3-15　"变暗"模式　　　　　　　　　　　　图3-16　"差值"模式

任务2
实现转场过渡动画

任务目标

1. 掌握蒙版动画。
2. 掌握蒙版羽化。

任务描述

本任务通过在素材层上添加蒙版，实现画面转场过渡动画，转场动画过渡效果如图3-17所示。

图3-17　转场动画过渡效果图

任务实施

（1）导入素材。打开 After Effects 软件，按 Ctrl ＋ I 组合键，弹出"导入文件"对话框，将该案例的素材导入"项目"面板中。

（2）新建合成。在"项目"面板中选择"小怪兽喝水 .mp4"素材，将其拖到"时间轴"面板中创建一个合成。用同样的方法，将"小怪兽睡觉 .mp4"素材拖到"时间轴"面板中，并将其放在"小怪兽喝水 .mp4"素材层下方，如图 3-18 所示。

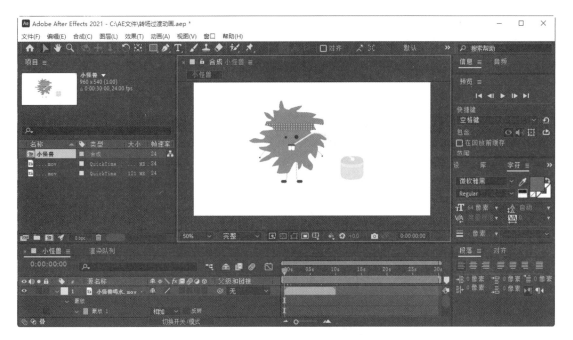

图3-18　新建合成

（3）调整层的入点位置。选择"小怪兽睡觉.mov"素材层，将当前时间指示器移动到0:00:06:07帧的位置，按"［"键，将该层的入点设置到当前位置。

（4）绘制蒙版。选择"小怪兽喝水.mov"素材层，单击工具栏中的"椭圆"工具按钮，绘制如图3-19所示的圆形蒙版。

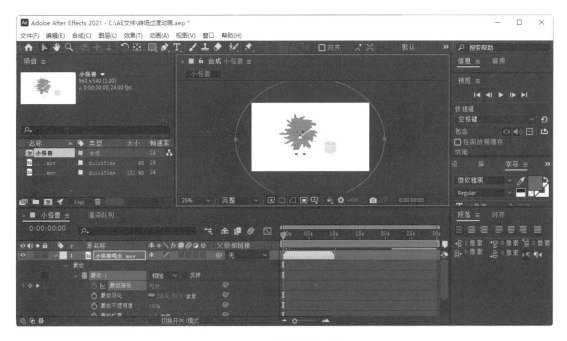

图3-19　绘制圆形蒙版

（5）制作蒙版动画。展开"小怪兽喝水.mov"素材层的蒙版1属性列表，设置"蒙版羽化"

为（50.0，50.0）像素。激活"蒙版路径"属性前面的"时间变化秒表"按钮 🕐，记录蒙版路径属性动画。将当前时间指示器移到 0：00：08：00 帧位置，单击工具栏中的"选取"工具按钮 ▶，在蒙版上双击鼠标左键，将其移动到合成窗口左下角位置，如图 3-20 所示。

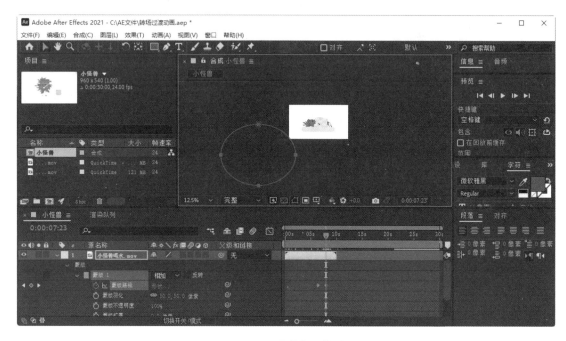

图3-20　记录蒙版形状动画

（6）至此，转场过渡动画制作完成。执行菜单栏"文件"→"保存"命令，保存文件。

（7）渲染输出。执行菜单栏"合成"→"添加到渲染队列"命令，或按 Ctrl+M 组合键，打开"渲染队列"窗口，设置渲染参数，单击渲染按钮 ⬛ 渲染 ，输出视频。

任务3
制作扫光动画

任务目标

1. 掌握轨道遮罩。
2. 了解时间轴。
3. 初识文字工具。

任务描述

通过使用轨道遮罩，实现光芒扫过文字的动画，完成效果如图 3-21 所示。

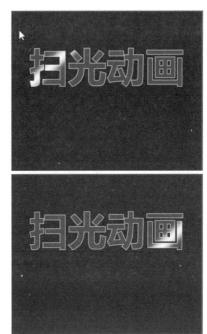

图3-21 扫光动画效果图

(任)(务)(实)(施)

（1）新建合成。打开 After Effects 软件，执行菜单栏"合成"→"新建合成"命令，弹出"合成设置"对话框，设置参数，如图 3-22 所示。

图3-22 设置合成参数

（2）创建纯色背景。选择"矩形"工具，依据舞台大小，绘制矩形方框。根据图3-23所示，颜色参数设置为RGB（14，14，46）。这样就创建好了背景，如图3-24所示。

图3-23　形状填充颜色参数

图3-24　创建纯色背景

（3）输入文字。单击工具栏中的"横排文字"工具按钮 **T**，在"合成"窗口中单击，输入文字"扫光动画"。选中输入的文字，在"字符"面板中设置文字参数，如图3-25所示，其中，"填充色"为RGB（73，30，0），"描边颜色"为RGB（137，233，23）。

（4）创建纯色层。按Ctrl＋Y组合键，创建一个白色纯色层，命名为"光芒"。单击工具栏中的"矩形"工具按钮 **□**，在新创建的纯色层上绘制一个小的矩形，如图3-26所示。

（5）设置蒙版参数。按F键，展开"蒙版羽化"属性，设置其值为（12.0，12.0）像素，旋转并调整其位置，如图3-27所示。

图3-25 设置文字参数

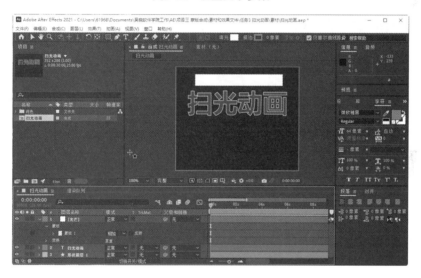

图3-26 绘制矩形蒙版

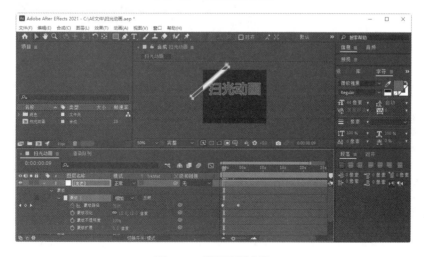

图3-27 设置蒙版参数

（6）设置光芒动画。按 M 键，展开"光芒"图层的蒙版路径属性，将当前时间指示器移动到 0: 00: 00: 00 帧的位置，激活蒙版路径属性前面的"时间变化秒表"按钮 ，记录其位置动画；将当前时间指示器移到 0: 00: 03: 24 帧的位置，将光芒路径调到文字右下方，如图 3-28 所示。

图3-28　设置光芒动画

（7）复制文字层。在"时间轴"面板中选择"扫光动画"文字层，按 Ctrl+D 组合键，创建文字层副本，并将其移动到"光芒"图层上方。

（8）设置轨道遮罩。选择"光芒"图层，在其右侧的按钮下拉 无 菜单中选择"Alpha遮罩'扫光动画 2'"选项，如图 3-29 所示。

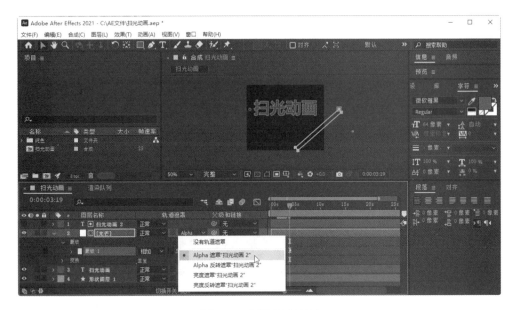

图3-29　设置轨道遮罩

技术点拨

轨道遮罩通过一个遮罩层的 Alpha 通道或亮度值定义其他层的透明区域，例如上层为文字，下层为图像。

Alpha 遮罩：将上层文字的 Alpha 通道作为图像层的透明遮罩，同时，其上文字层的显示状态会被关闭。

Alpha 反转遮罩：将上层的文字作为图像层的透明遮罩，同时，其上文字层的显示状态会被关闭。

亮度遮罩：通过亮度来设置透明区域。

亮度反转遮罩：反转亮度遮罩的透明区域。

（9）至此，扫光动画制作完成，执行菜单栏"文件"→"保存"命令，保存文件。

（10）渲染输出。执行菜单栏"合成"→"添加到渲染队列"命令，或按 Ctrl+M 组合键，打开"渲染队列"窗口，设置渲染参数，单击"渲染"按钮 （ 渲染 ），输出视频。

任务4
制作打开的折扇

任务目标

1. 了解 PSD 文件导入。

2. 了解动画的简单设置。

3. 熟练遮罩的绘制。

任务描述

通过蒙版形状的变化，实现打开的折扇动画，效果如图 3-30 所示。

图3-30 打开的折扇效果图

任务实施

（1）以合成的方式导入素材。打开 After Effects 软件，按 Ctrl+I 组合键，弹出"导入文件"对话框，以合成的方式导入案例素材"折扇 .psd"文件，如图 3-31 所示。

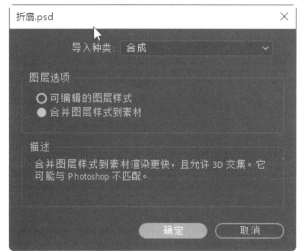

图3-31　以合成方式导入素材

（2）在"项目"面板中，选择"折扇"合成，按 Ctrl+K 组合键，弹出"合成设置"对话框，设置合成"持续时间"为 0∶00∶04∶00。用鼠标双击，打开"折扇"合成，如图 3-32 所示。

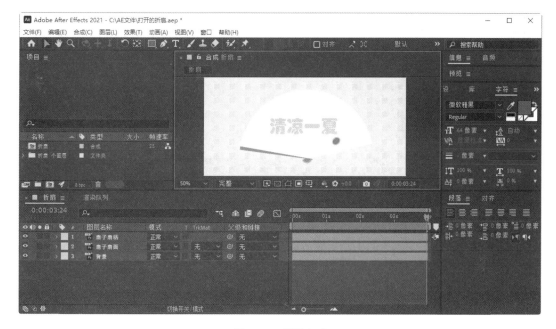

图3-32　折扇合成

（3）调整扇柄锚点。选择"扇柄"图层，单击工具栏中的"锚点"工具按钮 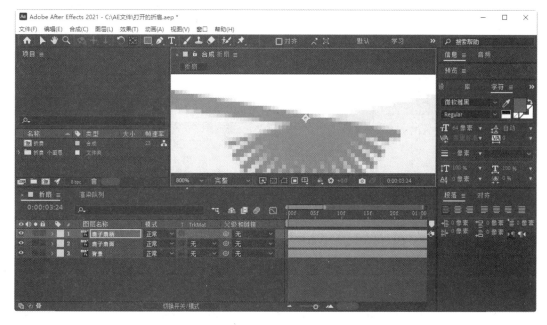，在"合成"窗口中选择中心点，将其移动到扇柄的旋转中心位置。也可以通过"时间轴"面板"扇柄"层数来修改锚点位置，如图 3-33 所示。

图3-33　调整扇柄锚点

（4）设置扇柄动画。按 R 键，展开"扇柄"图层的旋转属性，将当前时间指示器移动到 0：00：00：00 帧，激活"旋转"属性前面的"时间变化秒表"按钮 ，记录动画；将当前时间指示器移到 0：00：03：00 帧，设置"旋转"为 0x160.0°，如图 3-34 所示。

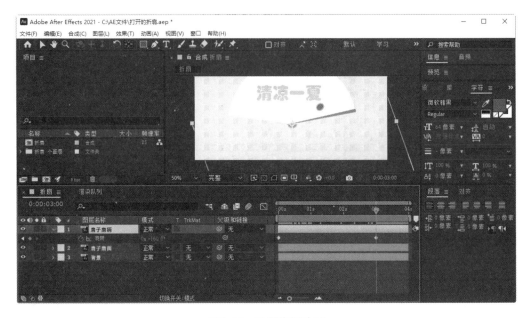

图3-34   设置扇柄动画

（5）为折扇绘制蒙版。选择"扇子扇面"图层，单击工具栏中的"钢笔"工具按钮 ，为折扇绘制蒙版，如图3-35所示。

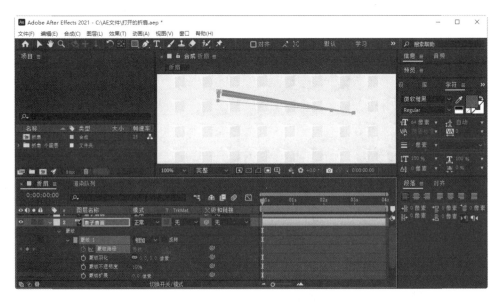

图3-35   为折扇绘制蒙版

（6）制作折扇扇面展开动画。按M键，展开蒙版路径属性，将当前时间指示器移动到0：00：00：00帧，激活其属性前面的"时间变化秒表"按钮 ⊙ ，记录动画。将当前时间指示器移动到0：00：01：00帧，使用工具栏中的"选取"工具 ▶ 调整蒙版路径，并在蒙版适当位置使用"添加'顶点'工具"添加顶点 ，便于进一步调整蒙版路径，如图3-36所示。

（7）用同样的方法，在0：00：02：00帧和0：00：03：00帧，制作蒙版路径动画，实现折扇扇面完全展开动画，如图3-37、图3-38所示。

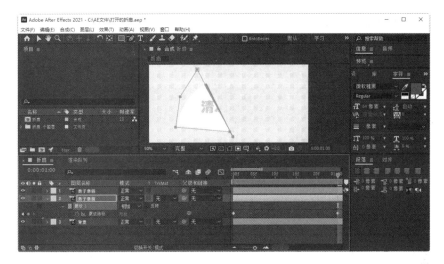

图3-36 调整折扇扇面蒙版路径

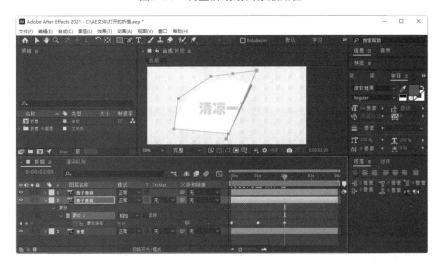

图3-37 折扇扇面0: 00: 02: 00帧调整帧效果

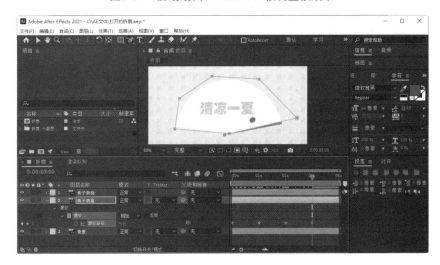

图3-38 折扇扇面0: 00: 03: 00帧调整帧效果

（8）为折扇扇柄绘制蒙版。选择"扇子扇面"图层，单击工具栏中的"钢笔"工具按钮 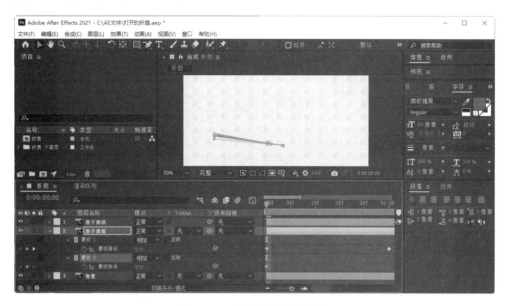，
为折扇扇柄绘制蒙版，如图3-39所示。

图3-39　为折扇扇柄绘制蒙版

（9）制作折扇扇柄展开动画。按M键，展开"折扇"图层的"蒙版2"的蒙版路径属性，
在第0：00：00：00帧，激活其属性前面的"时间变化秒表"按钮 ，记录动画。用制作折扇扇面
展开动画同样的方法制作折扇扇柄展开动画，将当前时间指示器移动到0：00：01：00帧，调整蒙
版路径制作动画，如图3-40所示。

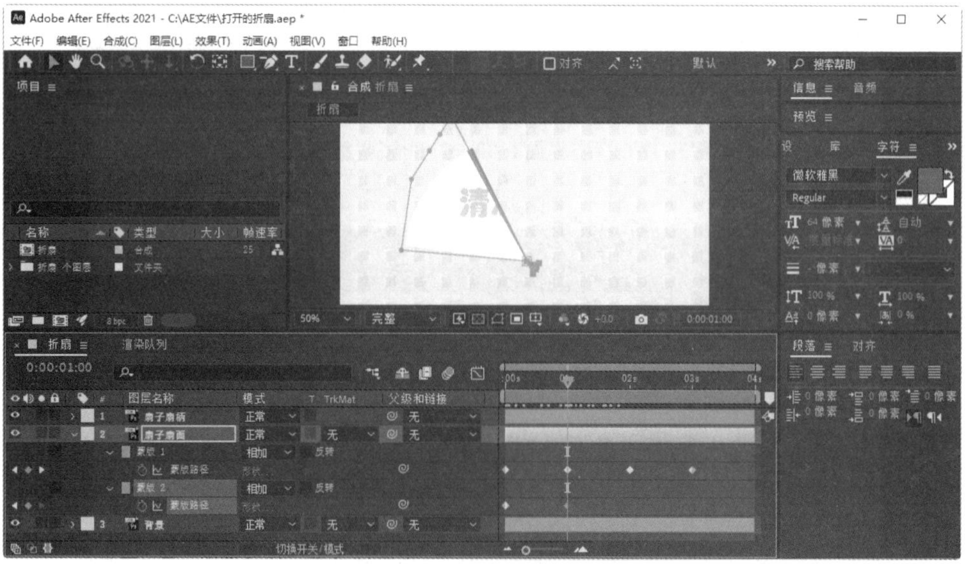

图3-40　折扇扇柄0：00：01：00帧调整帧效果

（10）用同样的方法，在0：00：02：00帧和0：00：03：00帧，制作蒙版路径动画，实现折扇
柄完全展开动画，如图3-41、图3-42所示。

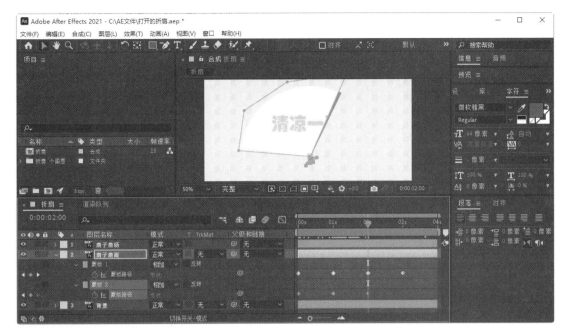

图3-41 折扇扇柄0: 00: 02: 00帧调整帧效果

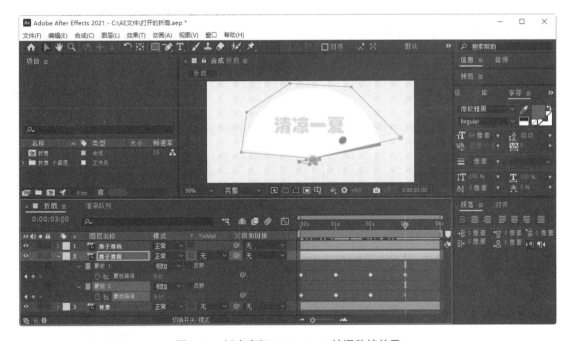

图3-42 折扇扇柄0: 00: 03: 00帧调整帧效果

（11）至此，打开的折扇制作完成，执行菜单栏"文件"→"保存"命令，保存文件。

（12）渲染输出。执行菜单栏"合成"→"添加到渲染队列"命令，或按Ctrl＋M组合键，打开"渲染队列"窗口，设置渲染参数，单击"渲染"按钮 渲染 ，输出视频。

制作"校园防疫要点要牢记"扫光效果

训练要求

（1）使用"钢笔"工具添加遮罩。

（2）使用"轨道遮罩"命令为文字添加扫光效果。

步骤指导

（1）导入素材。

（2）新建项目。

（3）新建纯色背景。

（4）使用圆角矩形，绘制效果如图3-44所示，完成背景的制作。

（5）按阶梯状排列图层，使文字呈先后顺序出现，如图3-43所示。

图3-43　阶梯状排列图层

（6）加入文字闪光效果，如图3-44所示。

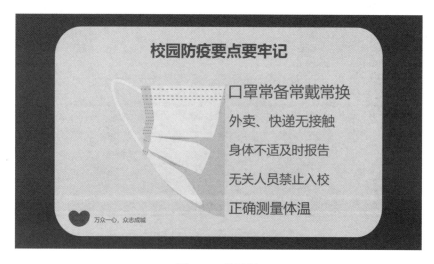

图3-44　效果图

创建文字　项目4

　　本项目通过完成任务"学会文字的基本操作""了解常见文字效果""制作打字动画"和"制作跳动的路径文字动画",学会创建文字和添加效果。在影视特效合成中只有制作出优美的文字效果才能锻造出优美的作品,通过本项目的学习,培养学生的良好的艺术修养。

　　通过本项目的学习,培养学生良好的艺术修养。

项目4　创建文字

任务1
学会文字的基本操作

任务目标

1. 熟悉创建文字的几种方法。
2. 了解修饰文字的方法。
3. 了解文字动画。
4. 了解路径文本。

任务描述

文字是视频制作的灵魂，可以起到画龙点睛的作用。它被用于制作影视片头字幕、广告宣传语等方面。掌握文字的基本操作，是影视特效制作至关重要的一个环节。

任务实施

1. 创建文字

在默认情况下，选择工具栏中的"文字"工具，按住鼠标左键，会弹出扩展工具，分别用于创建横排文字和直排文字，如图 4-1 所示。选择文字工具后，在"合成"窗口中单击即可创建文字。同时，在"时间轴"面板中会新建一个文字图层。

图4-1 "文字"工具

技术点拨

创建文字的方法：

方法一：使用菜单命令。执行菜单栏"图层"→"新建"→"文本"命令，此时在"合成"窗口中出现光标效果，直接输入文字即可。

方法二：使用文字工具。单击工具栏中的按钮，直接在合成窗口中单击并输入文字。

方法三：按 Ctrl+T 组合键，选择文字工具，反复按组合键，可以在横排文字和直排文字之间切换。

2. 修饰文字

文字创建后，可随时对其进行编辑修改，而"字符"和"段落"面板是进行文字修改的地方。利用"字符"面板可以对文本的字体、字形、字号、颜色等属性进行修改；利用"段落"面板可以对文字进行对齐、缩进等修改。

执行菜单栏"窗口"→"字符"或"段落"命令，或在工具栏中选择"文字"工具，然后单击"切换字符和段落面板"按钮，即可打开"字符"面板和"段落"面板，如图 4-2 和图 4-3 所示。

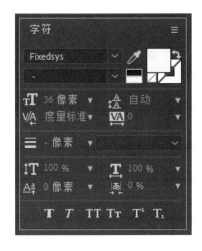

图4-2 "字符"面板　　　　　　图4-3 "段落"面板

3．文字动画

After Effects 软件具有强大的文字动画功能，可以制作出丰富的文字动画效果，增强影片效果。

（1）文字的基本动画。创建文字后，在"时间轴"面板中将出现一个文字图层，展开文字列表，将显示出"文本"属性选项，如图 4-4 所示。对该属性设置关键帧，即可产生不同时间段的文字内容变换的动画。

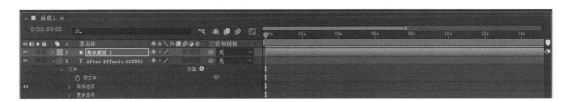

图4-4 "源文本"属性

（2）文字的高级动画。在"文本"列表选项右侧有一个动画按钮，单击该按钮，将弹出一个菜单，该菜单包含了文字的动画制作命令，选择某个命令后，在"文本"列表选项中将添加该命令的动画选项，通过该选项，可以制作更加丰富的文字动画效果。动画菜单如图 4-5 所示。

在菜单中选择需要的动画属性，After Effects 会自动在"文本"列表选项中增加一个"动画制作工具 1"属性。展开"动画制作工具 1"属性，可以看到"范围选择器 1"和"填充不透明度"选项，如图 4-6 所示。

在为文字设置动画后，在"动画制作工具 1"属性右侧显示有添加选项，单击其右侧的按钮，在弹出的菜单中可为当前动画添加属性或选择扭曲、排列等。

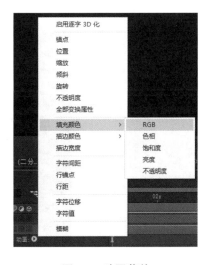

图4-5 动画菜单

图4-6　动画属性

4. 路径文本

在"路径选项"列表中有一个"路径"选项，通过它可以制作一个路径文字，在"合成"窗口创建文字并绘制路径，然后通过"路径"右侧的下拉菜单，制作路径文字效果。路径文字设置及显示效果如图 4-7 所示。

图4-7　路径文字设置及显示效果

在应用路径文字后，在"路径选项"列表中将多出 5 个选项，即"反转路径""垂直于路径""强制对齐""首字边距""末字边距"，用来控制文字与路径的排列关系，如图 4-8 所示。

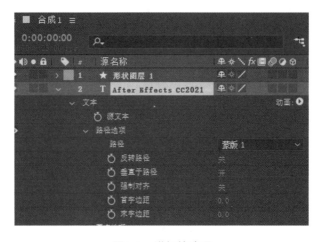

图4-8　增加的选项

技术点拨

"路径选项"中 5 个选项含义如下：

反转路径：该选项可以将路径上的文字进行反转。

垂直于路径：该选项控制文字与路径的垂直关系，如果开启此功能，无论路径如何变化，文字始终与路径垂直。

强制对齐：强制将文字与路径两端对齐。如果文字过少，将出现文字分散的效果。

首字边距：用来控制文字开始的位置，通过后面的参数调整，可以改变首字在路径上的位置。

末字边距：用来控制结束文字的位置，通过后面的参数调整，可以改变末字在路径上的位置。

任务2
了解常见文字效果

任务目标

1. 掌握"基本文字"效果。

2. 掌握"路径文字"效果。

3. 了解"编号"效果。

4. 了解"时间码"效果。

任务描述

After Effect CC 2021 保留了旧版本中的一些文字效果，如基本文字、路径文字、编号和时间码效果，这些效果主要用于创建一些单纯使用文字工具不能实现的效果。

任务实施

1."基本文字"效果

"基本文字"效果用于创建文本或文本动画，执行"效果"→"过时"→"基本文字"命令可以指定文本的字体、样式、方向以及对齐方式，如图 4-9 所示。

该效果还可以将文字创建在一个现有的图像图层中，选择"在原始图像上合成"复选框，可以将文字与图像融合在一起，也可以取消选择该

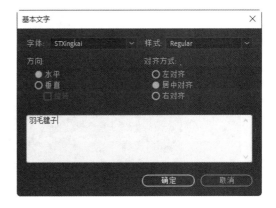

图4-9　基本文字

复选框，只使用文字。面板中还提供了位置、填充和描边、大小、字符间距和行距等信息，如图4-10所示。

图4-10　"基本文字"效果控件

2．"路径文字"效果

"路径文字"效果用于制作字符沿某一条路径运动的动画效果。执行"效果"→"过时"→"路径文字"命令，弹出"路径文字"对话框，该效果对话框提供了字体和样式设置，如图4-11所示。

路径文字面板还提供了信息、路径选项、填充和描边、字符、段落、高级和"在原始图像上合成"等设置，如图4-12所示。

图4-11　路径文字

图4-12　"路径"文字效果控件

3."编号"效果

"编号"效果生成不同格式的随机数或序数，如小数、日期和时间码，甚至是当前日期和时间（在渲染时）。使用编码效果可以创建各种计数器。序数的最大偏移是 30000。此效果适用于 8-bpc 颜色。执行"效果"→"文本"→"编号"命令，弹出"编号"对话框，在"编号"对话框中可以设置字体、样式、方向和对齐方式等，如图 4-13 所示。

"编号"面板还提供格式、填充和描边、大小和字符间距等设置，如图 4-14 所示。

图4-13　"编号"面板

图4-14　"编号"效果控件

4."时间码"效果

"时间码"效果主要用于在素材图层中显示时间信息或关键帧上的编码信息，还可以将时间码的信息译成密码并保存在图层中显示。在"时间码"面板中可以设置显示格式、时间源、首帧、开始帧文本位置、文字大小和文本颜色等，如图 4-15 所示。

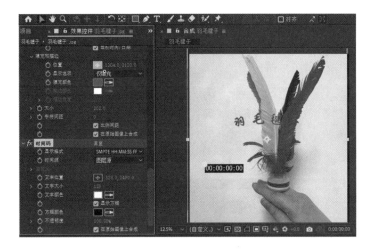

图4-15　"时间码"效果控件

任务3
制作打字动画

任务目标

1. 掌握文本工具的使用方法。

2. 掌握"文字处理器"效果的使用。

任务描述

使用"文字处理器"效果处理文字出现效果，从而制作打字动画，效果如图4-16所示。

图4-16　打字动画效果图

（1）按 Ctrl+N 组合键，弹出图像"合成设置"对话框，在"合成名称"文本框中输入"打字效果"，其他选项的设置如图 4-17 所示，单击"确定"按钮，创建一个新的合成"打字效果"。执行"文件"→"导入"→"文件"命令，弹出"导入文件"对话框，选择素材盘中的"01.jpg"文件，如图 4-18 所示，单击"导入"按钮，导入背景图片，并将其拖曳到"时间轴"面板中。

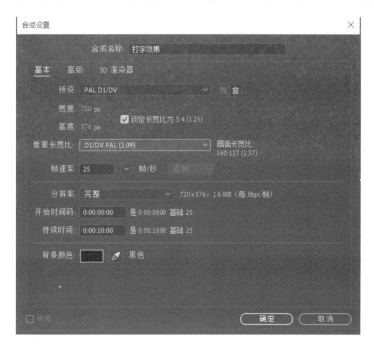

图4-17　新建合成

图4-18　导入素材

（2）选择"横排文字"工具，在"合成"窗口输入文字"小时候向往城市的繁华，觉得农村生活无趣，长大了以后才明白，有良田几亩，有家人陪伴，有生活可循，心安便是归处。"。选中文字，在"字符"面板中设置文字参数，如图4-19所示。"合成"窗口中的效果如图4-20所示。

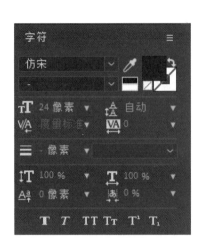

图4-19　字符设置　　　　　　　　　　图4-20　"合成"窗口中的效果

（3）选中"文字"层，将时间标签放置在"00s"的位置，执行"窗口"→"效果和预置"命令，打开"效果和预置"面板，展开"动画预置"选项，执行"Text"→"Multi-line"→"文字处理器"命令，用鼠标双击"文字处理器"，如图4-21所示。"合成"窗口中的效果如图4-22所示。

图4-21　文字处理器　　　　　　　　　图4-22　"合成"窗口中的效果

（4）按U键展开所有关键帧属性，选中第2个关键帧，设置"光标"选项的数值为100并将其移至08:03s位置，如图4-23所示。

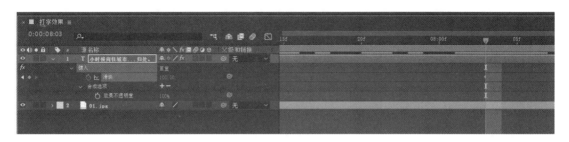

图4-23 设置参数

（5）打字效果制作完成，如图4-16所示。

任务4
制作跳动的路径文字动画

任务目标

1. 掌握钢笔工具勾画路径的方法。
2. 掌握"路径文本"面板常用参数的设置。
3. 掌握投影和浮雕效果的应用。

任务描述

本任务讲解文字沿着勾画好的路径运动的制作方法，并为文字添加投影和浮雕效果。跳动的"路径文字"效果如图4-24所示。

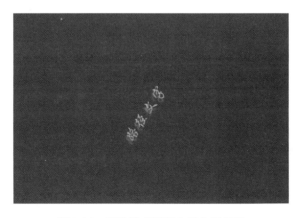

图4-24 跳动的"路径文字"效果图

任务实施

（1）新建合成。打开 After Effects 软件，执行菜单栏"合成"→"新建合成"命令，弹出"合成设置"对话框，设置参数如图 4-25 所示。

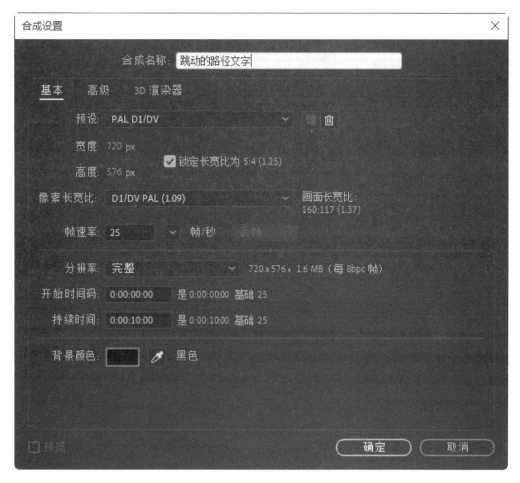

图4-25　合成参数

（2）新建一个纯色层。执行菜单栏"图层"→"新建"→"纯色层"命令，或按 Ctrl+Y 组合键，创建一个灰色 RGB（45，45，45）纯色层，设置该纯色层的大小与合成一致，大小为（720×576）像素，并命名为"背景"。

（3）再新建一个黑色纯色层，命名为"路径文字"，颜色为黑色。

（4）选择"路径文字"图层，单击工具栏中的"钢笔"工具按钮，在"路径文字"图层上绘制一个路径，如图 4-26 所示。

（5）为文字图层添加路径文字特效。选中"路径文字"图层，执行菜单栏"效果"→"过时"→"路径文字"命令，在弹出的"路径文字"对话框中输入文字"路径文字"，设置文字的字体为"STXingkai"，如图 4-27 所示。

（6）设置路径文字特效的参数。从"自定义路径"下拉菜单中选择"蒙版 1"选项，设置填充颜色为 RGB（0，255，228），其他参数如图 4-28 所示。

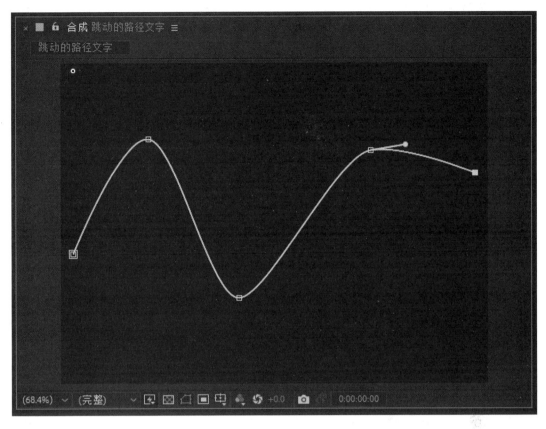

图4-26　绘制路径

图4-27　设置路径文字

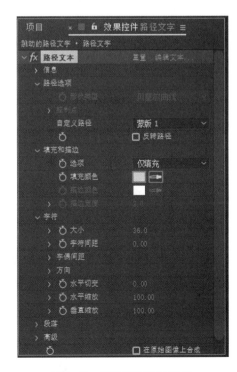

图4-28　路径文字特效参数

（7）制作文字沿路径运动动画效果。确保时间指示器处于 0：00：00：00 帧的位置，在"段落"选项组中，激活"左边距"左侧的按钮 ⏱，添加一个关键帧，并设置其数值为 0.00，参数设置和效果如图 4-29 所示。

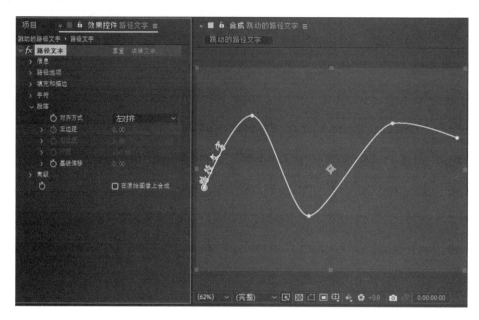

图4-29　0：00：00：00帧参数设置和效果

（8）拖动时间指示器到 0：00：04：00 帧的位置，设置大小为 450.0，系统会自动生成关键帧；拖动时间指示器到 0：00：07：00 帧的位置，设置左边距为 800.00，拖动时间指示器到 0：00：09：21 帧的位置，设置左边距为 980.00，效果如图 4-30 所示。

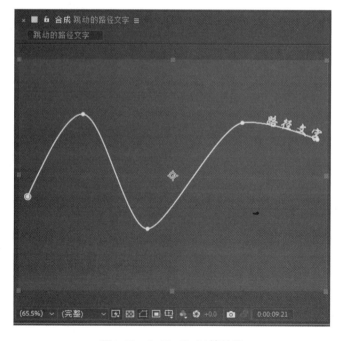

图4-30　0：00：09：21帧效果

（9）制作文字投影效果。执行菜单栏"效果"→"透视"→"投影"命令，设置"颜色"为白色，"方向"为"0x +200"，"距离"为9.0，"柔和度"为6.0，投影参数和效果如图4-31所示。

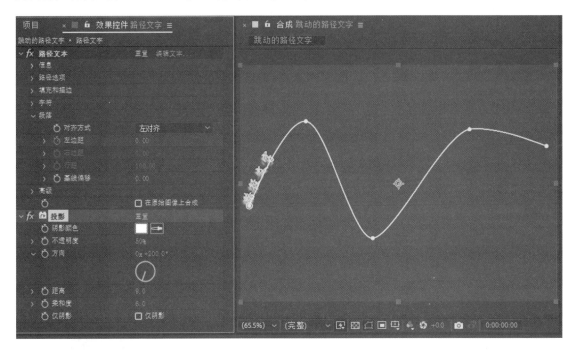

图4-31　投影参数和效果

（10）制作文字彩色浮雕效果。执行菜单栏"效果"→"风格化"→"彩色浮雕"命令，设置"起伏"为1.50，"对比度"为169，如图4-32所示。至此，文字的动画效果完成。

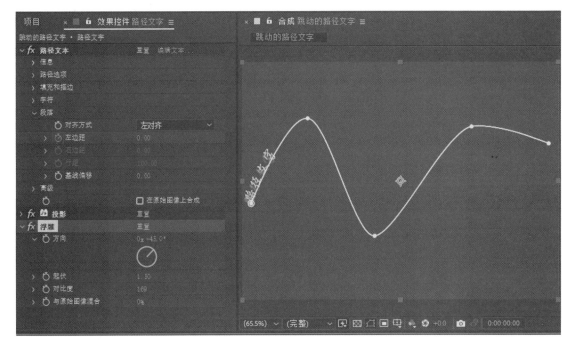

图4-32　彩色浮雕参数及效果

（11）渲染输出。执行菜单栏"图像合成"→"添加到渲染队列"命令，或按 Ctrl+M 组合键，打开"渲染队列"窗口，设置相关参数，单击"渲染"按钮，输出视频。完成效果如图 4-24 所示。

拓展训练

制作发光文字

训练要求

（1）使用"基本文字"和"路径文字"命令输入文字。

（2）使用"发光"命令为文字添加发光效果。

步骤指导

（1）导入素材，新建合成。

（2）使用"基本文字"和"路径文字"命令输入文字。

（3）执行"效果"→"风格化"→"发光"命令，设置关键帧为英文字添加发光效果，完成效果如图 4-33 所示。

图4-33　制作发光文字效果

抠像应用 项目5

■■■■■■■■

项目导学

　　本项目通过完成任务"认识常见的抠像""学会'颜色键'等效果抠像""学会'Keylight（1.2）'效果应用"和"学会使用Roto笔刷工具抠像"，掌握抠像的方法和应用技巧。通过本项目的学习，既可以提高学生的审美能力，又能培养学生吃苦耐劳、精益求精的良好品质。

素养目标

　　通过本项目的学习，提高学生的审美能力，培养学生吃苦耐劳、精益求精的良好品质。

项目5　抠像应用

任务1
认识常见的抠像

(任)(务)(目)(标)

1. 了解什么是抠像。
2. 认识抠像相关工具。

(任)(务)(描)(述)

了解抠像的概念，介绍能完成抠像的 11 个工具。

(任)(务)(实)(施)

1．了解抠像的概念

抠像是指吸取画面中的某一种颜色作为透明色，画面中包含的这种透明色将被清除，从而使位于该画面之下的画面显现出来，这样就形成了两层画面叠加的效果。

抠像是影视制作中一项重要的制作技术。在一些视频剪辑软件中，抠像需要具备一定的条件才能实现。例如，专用的抠像背景和合理的灯光照明，然后使用色键效果进行抠像。

在使用实拍素材合成时，由于素材自身不带 Alpha 通道，所以在与其他素材结合时会遇到麻烦。解决方法是在前期拍摄时，让角色在蓝色或绿色的背景前表演，然后将获取的素材采集到电脑，导入后期合成软件（如 After Effects）中，生成一个保留前景、背景透明的 Alpha 通道，然后与其他实拍素材或 CG 图像素材进行合成，实现各种令人惊叹的画面效果。如图 5-1 所示，先拍小女孩在绿幕背景跳舞，之后将其抠像到乡间小路上。

图5-1 抠像应用举例

从原理上讲只要背景所用的颜色在前景画面中不存在，用任何颜色做背景都可以。但实际上，最常用的是蓝色背景或绿色背景。因为在人体的自然颜色中不包含这两种色彩，同时这两种颜色又是 RGB 系统中的原色，在抠像操作中比较容易去除干净。

2．认识抠像相关工具

（1）"Advanced Spill Suppressor（高级溢出抑制器）。选中素材，执行菜单栏"效果"→"抠像"→"Advanced Spill Suppressor"命令，该效果可以去除用于颜色抠像的彩色背景中前景主题的颜色溢出。此时参数设置如图 5-2 所示。

方法：设置溢出方法为"标准"或"极致"。

抑制：设置抑制程度。

极致设置：设置算法，增强精准程度。

图5-2　Advanced Spill Suppressor效果

（2）CC Simple Wire Removal（CC 简单金属丝移除）。选中素材，执行菜单栏"效果"→"抠像"→"CC Simple Wire Removal"命令，该效果可以简单地将线性形状进行模糊或替换，此时参数设置如图 5-3 所示。

Point A（点 A）：设置简单金属丝移除的点 A。

Point B（点 B）：设置简单金属丝移除的点 B。

Removal Style（擦除风格）：设置简单金属丝擦除风格。

Thickness（密度）：设置简单金属丝移除的密度。

Slope（倾斜）：设置水平偏移程度。

Mirror Blend（镜像混合）：对图像进行镜像或混合。

Frame Offset（帧偏移量）：设置帧偏移程度。

（3）Key Cleaner（抠像清除器）。选中素材，执行菜单栏"效果"→"抠像"→"Key Cleaner"命令，该效果可以改善杂色素材的抠像效果，同时保留细节，只影响 Alpha 通道。此时参数设置如图 5-4 所示。

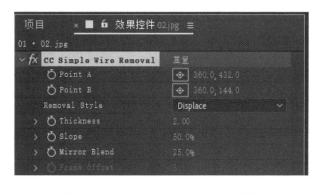

图5-3　CC Simple Wire Removal效果

（4）内部 / 外部键。选中素材，执行菜单栏"效果"→"抠像"→"内部 / 外部键"命令，该效果可以基于内部和外部路径从图像提取对象，除可在背景中对柔化边缘的对象使用蒙版外，还可修改边界周围的颜色，以移除沾染背景的颜色。此时参数设置如图 5-5 所示。

前景（内部）：设置前景遮罩。

图5-4　Key Cleaner效果

其他前景：添加其他前景。

背景（外部）：设置背景遮罩。

其他背景：添加其他背景。

单个蒙版高光半径：设置单独通道的高光半径。

清理前景：根据遮罩路径清除前景色。

清理背景：根据遮罩路径清除背景色。

薄化边缘：设置边缘薄化程度。

羽化边缘：设置边缘羽化值。

边缘阈值：设置边缘阈值，使其更加锐利。

反转提取：勾选此复选框，可以反转提取效果。

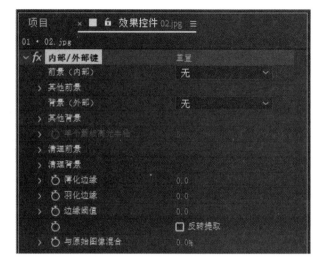

图5-5　内部/外部键效果

与原始图像混合：设置源图像与混合图像之间的混合程度。

（5）差值遮罩。选中素材，执行菜单栏"效果"→"抠像"→"差值遮罩"命令，该效果适用于抠除移动对象后面的静态背景，然后将此对象放在其他背景上。此时参数设置如图 5-6 所示。

视图：设置视图方式，其中包括"最终输出""仅限源""仅限遮罩"。

差值图层：设置用于比较的差值图层。

如果图层大小不同：调整图层一致性。

匹配容差：设置匹配范围。

匹配柔和度：设置匹配柔和程度。

差值前模糊：可清除图像杂点。

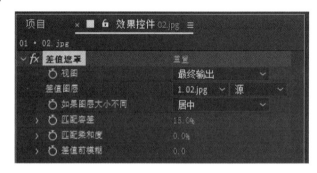

图5-6　差值遮罩效果

（6）提取。选中素材，执行菜单栏"效果"→"抠像"→"提取"命令，该效果通过指定一个亮度范围来产生透明或通过抽取通道对应的颜色来制作透明效果。此时参数设置如图 5-7 所示。

直方图：显示图像中亮度分布级别及在每个级别上的像素量。

通道：设置直方图基于何种通道，包括明亮度、红色、绿色、蓝色和 Alpha 5 个选项。

黑场：设置黑点的范围，小于该值的黑色区域将变透明。

白场：设置白点的范围，大于该值的白色区域将变透明。

黑色柔和度：设置黑色区域的柔化程度。

白色柔和度：设置白色区域的柔化程度。

反转：选中该复选框，将反转透明区域。

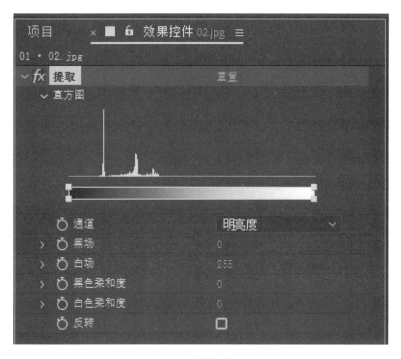

图5-7 提取效果

（7）线性颜色键。选中素材，执行菜单栏"效果"→"抠像"→"线性颜色键"命令，该效果根据"使用 RGB""使用色相"或"使用色度"信息，与指定的主色进行比较。如果两者颜色相同，则完全透明；如果完全不相同，则不透明；如果两者的颜色相近，则半透明。其产生的透明效果是线性分布的。此时参数设置如图 5-8 所示。

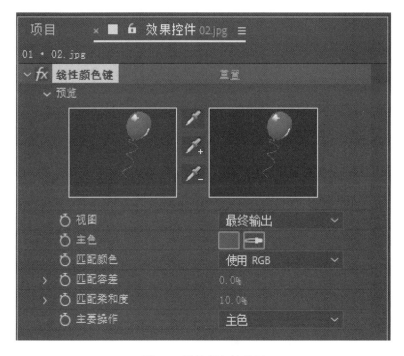

图5-8 线性颜色键效果

预览：显示素材视图和抠像预览效果图。两图中间的"吸管工具"用于从图像中吸取要键出的颜色；选择"加选吸管"，在图像中单击，可以增加抠像的颜色范围；选择"减选吸管"在图像中单击，可以减少抠像的颜色范围。

视图：设置在"合成"窗口中显示的图像视图。"最终输出"显示最终输出效果；"仅源"显示源素材；"仅限遮罩"显示蒙版视图。

主色：设置要键出的颜色。

匹配颜色：指定抠像色的颜色空间。"使用 RGB"是指抠像色以红色、绿色、蓝色为基准；"使用色相"是指基于对象发射或反射的颜色为抠像色。以标准色轮的位置进行计量；"使用色度"是指抠像色基于颜色的色调和饱和度。

匹配容差：设置匹配颜色的范围大小。该值越大，包含的颜色信息越多。

匹配柔和度：设置匹配颜色的柔化程度。

主要操作：设置键操作的方式，包括"主色"和"保持颜色"两种。

（8）颜色范围。选中素材，执行菜单栏"效果"→"抠像"→"颜色范围"命令，该效果可以基于颜色范围中进行抠像操作。此时参数设置如图 5-9 所示。

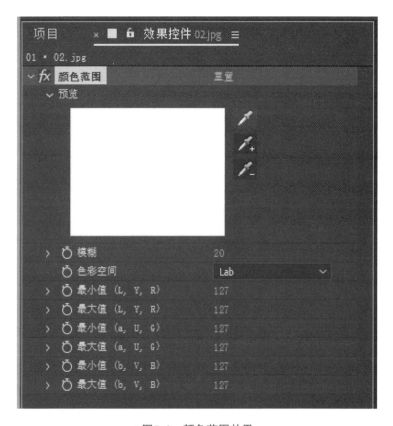

图5-9　颜色范围效果

预览：可以直接观察键控选取效果。

模糊：设置模糊程度。

色彩空间：设置色彩空间为 Lab、YUV 或 RGB。

最小/大值（L，Y，R）/（a，U，G）/（b，V，B）：准确设置色彩空间参数。

（9）颜色差值键。选中素材，执行菜单栏"效果"→"抠像"→"颜色差值键"命令，该效果可以将图像分成 A、B 两个遮罩，并将其相结合使画面形成将背景变透明的第 3 种蒙版效果。此时参数设置如图 5-10 所示。

预览：可以直接观察键控选取效果。两图之间的"吸管工具"可在图像中单击吸取需要抠除的颜色；选择"加选吸管"，在图像中单击，可增加吸取范围；选择"减选吸管"，在图像中单击可减少吸取范围。

视图：设置"合成"面板中的观察效果。

主色：设置键控基本色。

颜色匹配准确度：设置颜色匹配的精准程度。

（10）颜色键。该功能在菜单栏"效果"→"过时"中，选中素材，执行该效果，指定一种颜色后，系统会将图像中所有与其近似颜色的像素键出，使其透明。"颜色键"是一种比较基础的抠像特效，适用于抠像的背景为比较纯净、颜色比较均匀的画面。此时参数设置如图 5-11 所示。

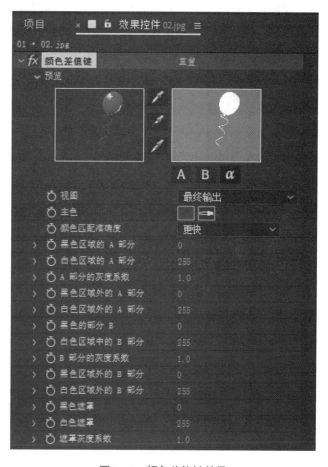

图5-10　颜色差值键效果

图5-11　颜色键效果

主色：设置需要透明的颜色可以单击色块设置颜色，也可以单击右侧的"吸管"工具按钮，在素材上单击吸取颜色，以确定透明色。

颜色容差：设置键出色彩的容差范围。该值越大，所包含的颜色范围越大。

薄化边缘：对键出区域边缘进行调整。正值为扩大透明区域，负值为缩小透明区域。

羽化边缘：设置键出区域边缘的羽化程度。

技术点拨

"颜色键"效果使用经验分享：

如果背景区域的颜色不均匀，则应尽量吸取颜色较浅的区域，避免因容差过大而导致图像中的保留区域也被键出。

颜色容差值越大，被键出的区域越多，同时也会减少画面中的微小细节。因此，应该配合薄化边缘和羽化边缘参数进行调节，以达到最佳的抠像边缘效果和最多的细节保留。

（11）Keylight（1.2）。选中素材，执行菜单栏"效果"→"Keying"→"Keylight（1.2）"命令，该效果功能极其强大，对于前面所介绍的抠像方法，Keylight（1.2）全部可以胜任，它善于进行蓝、绿屏的抠像操作。此时参数设置如图5-12所示。

View（预览）：设置预览方式。

Screen Colour（屏幕颜色）：设置需要抠除的背景颜色。

Screen Balance（屏幕平衡）：在抠像后设置合适的数值可提升抠像效果。

Despill Bias（色彩偏移）：可去除溢色的偏移程度。

Alpha Bias（Alpha偏移）：设置透明度偏移程度。

Lock Biases Together（锁定偏移）：锁定偏移参数。

Screen Pre-blur（屏幕模糊）：设置模糊程度。

Screen Matte（屏幕遮罩）：设置屏幕遮罩的具体参数。

Inside Mask（内测遮罩）：设置参数，使其与图像更好地融合。

Outside Mask（外侧遮罩）：设置参数，使其与图像更好地融合。

图5-12　Keylight（1.2）效果

任务2
学会"颜色键"等效果抠像

(任)(务)(目)(标)

1. 掌握"颜色键"效果抠像。
2. 掌握"简单阻塞工具"清除边缘。
3. 掌握"溢出抑制"命令清除残留。

(任)(务)(描)(述)

选用"过时"菜单中的"颜色键"效果进行抠像，辅助"简单阻塞"工具和"溢出抑制"命令也可达到想要的效果。效果图如图 5-13 所示。

图5-13 效果图

(任)(务)(实)(施)

（1）新建合成。打开 After Effects 软件，执行菜单栏"合成"→"新建合成"命令，弹出"合成设置"对话框，设置参数，如图 5-14 所示。

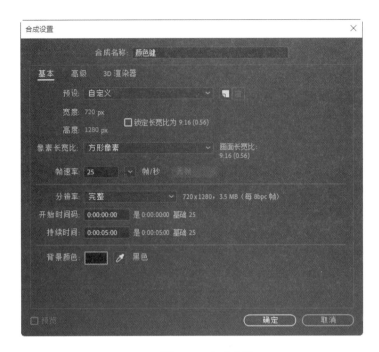

图5-14　合成参数

（2）导入素材。按 Ctrl+I 组合键，弹出"导入文件"对话框，将该案例的素材导入"项目"面板中。在"项目"面板中选择"动态花 .mp4"素材，将其拖到"时间轴"面板中，如图 5-15 所示。

（3）为素材添加"颜色键"效果。选择"动态花 .mp4"图层，执行"效果"→"过时"→"颜色键"菜单命令，选择"主色"属性右侧的"吸管"工具，在素材层上吸取蓝色，如图 5-16 所示。

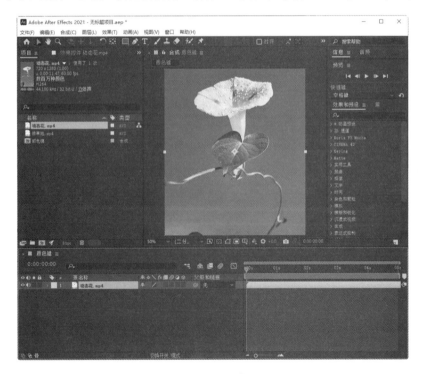

图5-15　添加素材

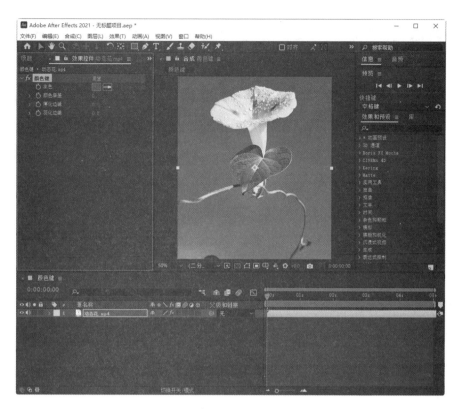

图5-16 为素材添加"颜色键"效果

（4）调整参数，键出蓝色，如图 5-17 所示。

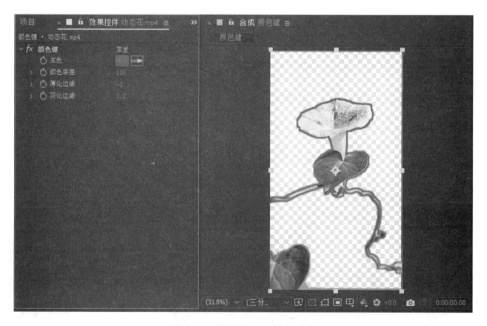

图5-17 设置"颜色键"参数

（5）清除素材边缘的蓝色。执行菜单栏"效果"→"遮罩"→"简单阻塞工具"命令，并设置参数，清除素材边缘的蓝色，如图 5-18 所示。

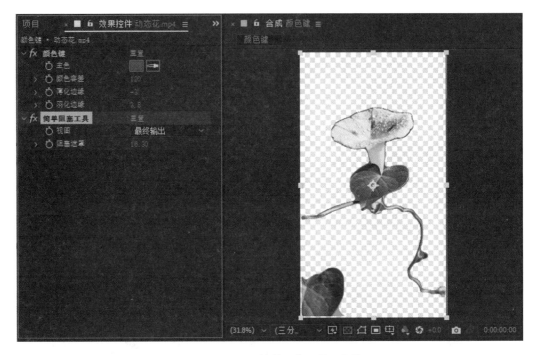

图5-18 设置"简单阻塞工具"参数

（6）清除素材中残留的蓝色。执行菜单栏"效果"→"过时"→"溢出抑制"命令，并设置参数，清除素材中残留的蓝色，如图 5-19 所示。

（7）添加其他素材。在"项目"面板中选择"绿草地 .mp4"素材，将其拖到"时间轴"面板中，调整动态花的大小并拉到左下角，关掉背景"绿草地 .mp4"的声音，如图 5-20 所示。

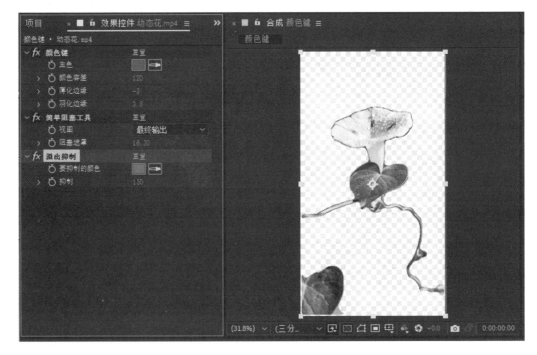

图5-19 设置"溢出抑制"参数

图5-20 添加其他素材

（8）渲染输出。执行菜单栏"文件"→"保存"命令，保存文件，执行菜单栏"合成"→"添加到渲染队列"命令，或按 Ctrl+M 组合键，打开"渲染队列"窗口，设置渲染参数，单击"渲染"按钮，输出视频。效果如图 5-13 所示。

任务3
学会"Keylight（1.2）"效果应用

任务目标

1. 掌握导入素材直接形成合成的方法。
2. 掌握"Keylight（1.2）"效果的使用。
3. 掌握"Keylight（1.2）"效果的设置。

任务描述

使用"Keylight（1.2）"效果抠取绿布背景的人物；通过一些简单设置，抠取效果更好。效果如图 5-21 所示。

图5-21 效果图

任务实施

（1）导入素材。打开 After Effects 软件，按 Ctrl+I 组合键，弹出"导入文件"对话框，将该任务的素材导入"项目"面板中。

（2）新建合成。在"项目"面板中选择"背景 .mp4"素材，将其拖到"时间轴"面板中创建一个合成。用同样的方法，将"中国风美女 .mp4"素材拖到"时间轴"面板中，调整素材位置和大小，如图 5-22 所示。

图5-22　新建合成并添加素材

（3）调整大小和位置。选择图层 1，按 S 键，调整缩放大小为 46%，使用"选取"工具将其移动到如图所示 5-23 位置。

图5-23　调整素材大小和位置

（4）添加"Keylight（1.2）"效果。选择"中国风美女.mp4"图层，执行菜单栏"效果"→"Keying"→"Keylight（1.2）"命令，选择"Screen Colour"属性右侧的"吸管"工具，在素材层上吸取绿色，如图5-24所示。

图5-24　为素材添加"Keylight（1.2）"效果

（5）设置"Keylight（1.2）"效果参数。设置"View"选项为"Screen Matte（遮光板）"，便于观察调整效果，其他参数设置如图5-25所示。

图5-25　设置"Keylight（1.2）"效果参数

（6）添加文字。设置"View"选项为"Final Result（最终结果）"。在"时间轴"面板中，将当前时间指示器移动到0：00：02：00处，单击工具栏中的"竖排文字"工具按钮，添加文字"中国风美女"，设置文字"填充颜色"为白色，"描边颜色"为红色，其他参数设置如图5-26所示。

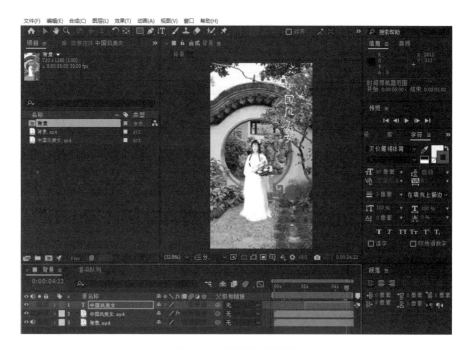

图5-26　设置文字参数

（7）添加文字显示效果。在"时间轴"面板中，将当前时间指示器移动到0：00：02：00处，按T键，设置不透明度为0%，在0：00：04：00处，设置不透明度为100%，按Ctrl+M组合键，渲染输出视频。效果如图5-21所示。

任务4
学会使用Roto笔刷工具抠像

任务目标

1. 掌握背景素材直接形成合成的方法。
2. 掌握"Roto笔刷"工具面板的使用方法。

任务描述

本任务讲解使用"Roto笔刷"工具抠取复杂背景的人物，并且还要逐帧调整。最终效果如图5-27所示。

图5-27 最终效果

任务实施

（1）导入素材。在"项目"面板空白处双击导入"背景.mp4"和"老奶奶洗菜.mp4"素材，如图5-28所示。

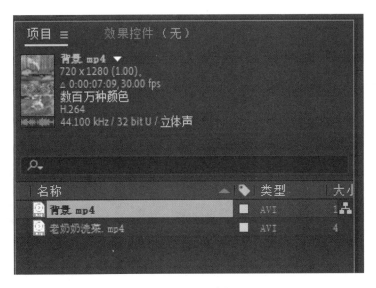

图5-28 导入素材

（2）新建合成。将"背景.mp4"拖曳到"时间轴"面板，直接形成合成"背景"，如图5-29所示。

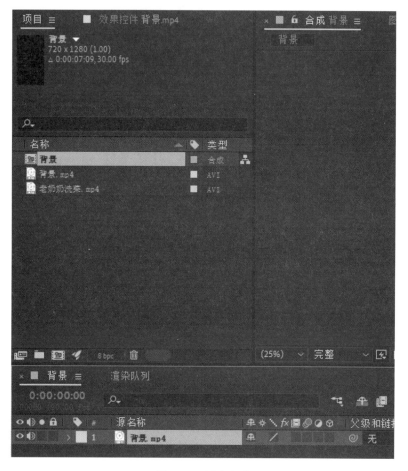

图5-29 新建合成

（3）添加素材。在"项目"面板中选择"老奶奶洗菜.mp4"素材，将其拖曳到"时间轴"面板，并放置在"背景.mp4"层之上，如图5-30所示。

图5-30 添加素材

（4）抠取人物和菜。在"时间轴"面板中双击"老奶奶洗菜.mp4"素材层。此时该视频就出现在合成编辑窗口，如图5-31所示。

图5-31　打开“老奶奶洗菜.mp4”素材层

（5）使用“Roto 笔刷”工具处理人物和地面上的菜（篮子不抠取）。如图 5-32 所示，使用该工具涂抹抠取人物和地面上的菜，多抠取的部分按住 Alt 键减去，按住 Ctrl 键，同时按住鼠标左键左右拖动可以调整笔刷大小，单击“预览”面板中的播放按钮和下一帧按钮，逐帧检查，最后抠取效果如图 5-33 所示。

图5-32　使用“Roto笔刷”工具处理人物素材

图5-33　最后抠取效果

（6）合成。逐帧检查无误后单击"合成"窗口，将抠取的视频放置在背景如图5-34所示位置。

图5-34　合成后的效果

（7）渲染输出。单击"老奶奶洗菜.mp4"素材层前面声音按钮，选中"时间轴"窗口的合成，按 Ctrl+M 组合键，渲染输出视频。效果如图 5-27 所示。

为唱歌美女替换背景

训练要求

1. 使用"Keylight（1.2）"命令抠像。

2. 关闭背景声音。

步骤指导

（1）导入素材，新建合成。

（2）使用"Keylight（1.2）"命令抠像。

（3）关闭背景声音。最终效果如图 5-35 所示。

图5-35　最终效果

三维合成 项目6

项目6 三维合成

任务1
认识三维环境

(任)(务)(目)(标)

1. 创建三维图层。

2. 了解三维视图。

3. 了解"材质选项"属性。

(任)(务)(描)(述)

单击"3D图层"按钮进入三维图层视图，了解常见的几种视图，展开"材质选项"属性，了解下面的几个材质选项。

(任)(务)(实)(施)

随着版本的升级，使用 After Effects 不仅可以创建二维空间的合成效果，而且在三维立体空间中创建合成与动画的功能也越来越强大。在具有深度的三维空间中可以丰富图层的运动样式，创建更逼真的灯光、投射阴影、材质效果和摄像机运动效果。

1. 创建三维图层

除声音层外，所有素材层都可以转换为三维图层。将一个普通的二维图层转为三维图层也非常简单，只需要在"时间轴"面板中选择一个二维图层，然后单击图层右侧开关中"3D图层"按钮 即可。再次单击又可将三维图层转换为二维图层。

选择一个三维图层，在合成窗口中可以看到一个三维坐标，其中红色箭头代表 X 轴，绿色箭头代表 Y 轴，蓝色箭头代表 Z 轴。在"时间轴"面板中，展开三维图层属性，会发现变换属性中无论是"锚点"属性、"位置"属性、"缩放"属性，还是"旋转"属性都在原有属性基础上增加了一组 Z 轴参数，并新增了"方向"和"材质选项"属性，如图 6-1 所示。

除在"时间轴"面板中，通过调整属性值对三维图层进行变换操作外，还可以通过工具栏中的"选取"工具 、"旋转"工具 ，在合成窗口中直接对三维图层进行变换操作。若需要锁定在某一轴向上进行变换操作，可在当光标中包含有该坐标轴的名称时进行操作即可。

需要注意的是，在使用"旋转工具" 对三维图层进行旋转时，改变的是三维图层的"方向"属性，而不是"X 轴旋转""Y 轴旋转"或"Z 轴旋转"属性。

图6-1 三维图层示例

2．三维视图

在三维空间中要全面观察到物体，仅靠一个视图是无法实现的，需要借助多个角度的视图对比观察。After Effects 软件为三维图层提供了多种角度的视图显示方式。单击"合成"窗口下方的"活动摄像机"按钮 活动摄像机，在弹出的下拉列表中可以选择不同的视图，如图 6-2 所示。

"活动摄像机"视图：用户可以在该视图方式下对 3D 对象进行操作，它相当于所有摄像机的总控台。

"摄像机"视图：默认情况下，没有摄像机视图。只有在合成中创建了摄像机后，才会出现摄像机视图。在该视图方式下可以对摄像机进行调整，以改变其视角。

"正面""左侧""顶部""背面""右侧""底部"视图：6 个正交视图。

"自定义视图"：用于调整对象的空间位置，它不使用任何透视。在该视图中用户可以直观地看到对象在三维空间中的位置，而不受透视产生的其他影响。

图6-2 视图列表图

在"合成"窗口中，用户可同时打开多个视图，从不同角度观察素材。单击"合成"窗口下方的按钮，在弹出的下拉列表中可以选择视图的布局方式，如图 6-3 所示为"4 个视图"布局方式。

图6-3   "4个视图"布局

3."材质选项"属性

"材质选项"是三维图层具有的属性，主要用于控制光线与阴影的关系，当场景中设置灯光后，用于调节三维图层投影、接受阴影、接受灯光等的方式，如图 6-4 所示。

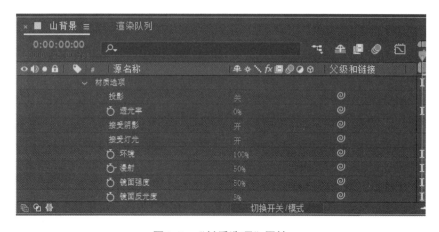

图6-4   "材质选项"属性

投影：用于设置当前图层是否产生投影。"关"表示不产生投影；"开"表示产生投影；"仅"表示只显示投影，不显示图层。

透光率：用于设置光线穿过图层的百分比。增大该值时，光线将穿透图层，使投影具有图层的颜色。适当设置该值可以增强投影的真实感。

接受阴影：用于设置当前图层是否接受其他图层投射的阴影。"关"表示不接受其他图层投射的阴影；"开"表示接受其他图层投射的阴影；"仅"表示只显示接受的阴影，不显示图层。

接受灯光：用于设置当前图层是否受场景中灯光的影响。"关"表示不接受场景中灯光的影响；"开"表示接受场景中灯光的影响。

环境：用于设置当前图层受环境光影响的程度。

漫射：用于设置当前图层表面的漫反射值。

镜面强度：用于设置图层上镜面反射高光的亮度。

镜面反光度：用于设置当前图层上高光的大小。值越大，高光区域越小；值越小，高光区域越大。

金属质感：用于设置图层上镜面高光的颜色。其值为 100% 时为图层的颜色，为 0 时为灯光颜色。

任务2
学会灯光和摄像机的应用

任务目标

1. 学习创建灯光。
2. 了解灯光的类型。
3. 会设置灯光的属性。
4. 会创建摄像机。
5. 掌握摄像机参数的设置。
6. 会调整摄像机。

任务描述

在合成制作中，使用灯光可以模拟现实世界中的真实效果，并能够渲染气氛、突出重点，使场景具有层次感。

在 After Effects 中，常常需要运用一个或多个摄像机来创造空间场景、观看合成空间，摄像机工具不仅可以模拟真实摄像机的光学特性，更能超越真实摄像机在三脚架、重力等方面的制约，在空间中任意移动。为摄像机设置动画，更可以得到很多精彩的动画效果。

任务实施

1. 创建灯光

在 After Effects 软件中，可以通过创建"灯光"图层来模拟三维空间中的真实光线效果，并

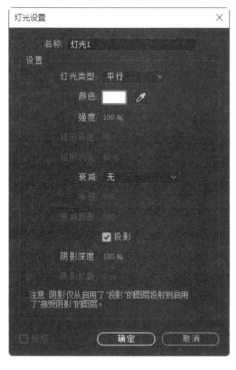

图6-5　"灯光设置"对话框

图6-6　"灯光类型"列表

产生阴影。其方法是执行菜单栏"图层"→"新建"→"灯光"命令，在弹出的"灯光设置"对话框中，选择灯光类型，设置灯光参数，即可完成灯光的创建，如图6-5所示。

2．灯光的类型

在 After Effects 软件中，提供了 4 种灯光类型，如图6-6所示。

（1）平行。常用来模拟太阳光光线从某点发射照向目标点。光照范围无限远，它可以照亮场景中位于目标位置的每一个物体，可产生投影，"平行"具有方向性且光照强度默认是无衰减的，如图6-7所示。

图6-7　平行

（2）聚光。常用来模拟舞台的投影灯，光线从某个点以圆锥形向目标位置发射光线，并形成圆形的光照范围。可通过调整"锥形角度"来控制照射范围，如图6-8所示。

（3）点。类似于灯泡，光线从某个点向四周发射。随着光源与对象的距离不同，受光程度也会不同。距离越近光照越强；距离越远光照越弱，如图6-9所示。

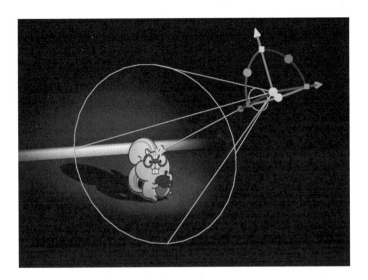

图6-8　聚光

图6-9　点

（4）环境。光线没有发射源，可以照亮场景中的所有物体，但不能产生投影，如图6-10所示。

图6-10　环境

3．灯光的属性

灯光的属性可以在"灯光设置"对话框中设置，也可以在"时间轴"面板"灯光"图层的"灯光选项"属性中修改。以聚光为例，如图6-11所示。

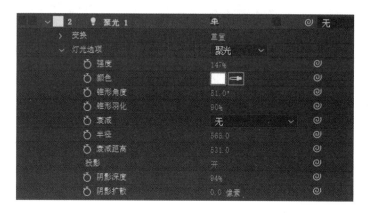

图6-11　"灯光选项"属性列表

强度：用于控制光照强度，值越大，光越强。当其值为0时，场景变黑；值为负值时，可以起到吸光的作用；当场景中有其他灯光时，负值的灯光可减弱场景中的光照强度。

颜色：用于设置灯光的颜色。

锥形角度：用于设置灯光的照射范围，数值越大，光照范围越大；数值越小，光照范围越小。

锥形羽化：用于设置光照范围的羽化值，使聚光灯的照射范围产生一个柔和的边缘。

衰减：用于设置灯光衰减的方式。其中有3个选项，"无"表示没有衰减；"平滑"表示产生线性衰减；"反向平方限制"表示采用反向平方算法计算衰减的速度，此种方式灯光衰减得会更快。

半径：用于设置灯光衰减的半径。

衰减距离：用于设置灯光衰减的距离。

投影：值为"开"时，灯光会在场景中产生投影。（注意：当灯光的"投影"属性设置为"开"后，还需要将接受灯光照射的图层的"投影"属性也设置为开，这样才能看到阴影。）

阴影深度：用于设置阴影颜色的深度。

阴影扩散：用于设置阴影漫射扩散的大小。

4．创建摄像机

在After Effects软件中，可以通过执行菜单栏"图层"→"新建"→"摄像机"命令，在弹出的"摄像机设置"对话框中，设置摄像机参数，完成摄像机的创建，如图6-12所示。

5．摄像机参数设置

如图6-12所示，摄像机各项参数功能如下。

类型：用于设置摄像机的类型，有"单节点摄像机"和"双节点摄像机"两种。

名称：用于设置摄像机的名称。

预设：在这个下拉菜单里提供了9种常见的摄像机镜头，包括标准的"35毫米"镜头、"15毫米"广角镜头、"200毫米"长焦镜头等和"自定义"镜头。其中，"35毫米"标准镜头的视角类似于人眼；"15毫米"广角镜头有极大的视野范围，类似于鹰眼观察空间，由于视野范围极大，看到的空间很广阔，但是会产生空间透视变形；"200 毫米"长镜头可以将远处的对象拉近，视野范围也随之减少，只能观察到较小的空间，但几乎没有变形。

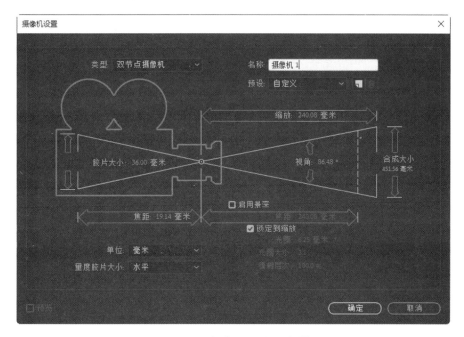

图6-12　"摄像机设置"对话框

缩放：用于设置摄像机到图像之间的距离。数值越大，通过摄像机显示的图层大小就越大，视野范围也越小。

胶片大小：是指通过镜头看到的图像实际的大小，数值越大视野越大；数值越小视野越小。

视角：视图角度的大小由焦距、胶片大小和缩放所决定，也可以自定义设置，使用宽视角或窄视角。

合成大小：用于显示合成的高度、宽度或对角线的参数，以"测量胶片尺寸"中的设置为准。

启用景深：用于建立真实的摄像机调焦效果。选中该复选框可对景深进一步设置。

焦距：左侧的焦距用于设置摄像机焦点范围的大小。右侧的焦距用于设置焦点距离，确定从摄像机开始，到图像最清晰位置的距离。

锁定到缩放：选中该复选框，可使焦距和缩放值的大小匹配。

光圈：用于设置焦距到光圈的比例，模拟摄像机使用 F 制光圈。

光圈大小：用于设置光圈大小，在 After Effects 软件里，光圈与曝光没关系，仅影响景深，值越大，前后图像清晰范围就越小。

模糊层次：用于控制景深模糊程度，值越大越模糊。

单位：可以选择使用"像素""英寸"或"毫米"作为单位。

量度胶片大小：可将测量标准设置为"水平""垂直"或"对角"。

6．摄像机参数设置

摄像机的位置、角度等参数可以在"时间轴"面板的"摄像机"图层中进行设置，也可以使用工具栏中的工具进行调整，如图 6-13 所示。

三个图标的名称从左到右分别是：绕光标旋转，在光标下平移，向光标方向推拉镜头。

"绕光标旋转"工具：该工具用于旋转摄像机视图。

"在光标下移动"工具：该工具可在 X、Y 方向上平移摄像机视图。

"向光标方向推拉镜头"工具：该工具可沿 Z 轴推拉摄像机视图。

注：灯光和摄像机只能在三维图层中使用。

图6-13　摄像机
调整工具

任务3
制作特卖广告动画

任务目标

1. 掌握位置关键帧的设置方法。

2. 掌握缩放关键帧的设置方法。

3. 掌握在 3D 属性下沿 Y 轴旋转的方法。

任务描述

本任务导入两个 png 文件，分别为这两个素材对象的位置、缩放和旋转设置关键帧，形成动画效果，如图 6-14 所示。

图6-14　效果图

任务实施

（1）新建合成。按 Ctrl+N 组合键，弹出"合成设置"对话框，在"合成名称"文本框中输入"最终效果"，设置"背景颜色"为淡黄色（其 R、G、B 值分别为 255、237、46)，其他选项的设置如图 6-15 所示，单击"确定"按钮，创建一个新的合成"最终效果"。

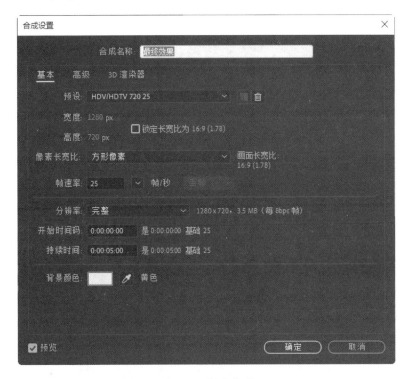

图6-15 新建合成

（2）导入素材。执行"文件"→"导入"→"文件"命令，弹出"导入文件"对话框，选择素材盘中的"01.png"和"02.png"文件，单击"导入"按钮，将文件导入"项目"面板，如图 6-16 所示。

图6-16 导入素材

（3）设置位置关键帧。在"项目"面板中，选中"01.png"文件，并将其拖曳到"时间轴"面板中，按 P 键，展开"位置"属性，设置"位置"为 -289.0、390.0。

（4）保持时间标签在"00s"的位置，单击"位置"选项左侧的"关键帧自动记录器"按钮，记录第 1 个关键帧。将时间标签放置在"01s"的位置，设置"位置"为 372.0、390.0，如图 6-17 所示，记录第 2 个关键帧。

图6-17 设置位置关键帧

（5）在"项目"面板中，选中"02.png"文件，并将其拖曳到"时间轴"面板中，按 P 键，展开"位置"属性，设置"位置"为 957.0、363.0。"合成"面板中的效果，如图 6-18 所示。

图6-18 "合成"面板中的效果

（6）设置旋转属性。单击"02.png"图层右侧的"3D 图层"按钮 ⚙，打开三维属性，单击"Y 轴旋转"选项左侧的"关键帧自动记录器"按钮 ⏱，记录第 1 个关键帧。将时间标签放置在"02s"的位置，设置"Y 轴旋转"为 2x+0.0°，记录第 2 个关键帧，如图 6-19 所示。

图6-19 设置旋转属性

（7）设置缩放属性。将时间标签放置在"00s"的位置，选中"02.png"图层，按 S 键，展开"缩放"属性，设置"缩放"为 0.0, 0.0, 0.0%，单击"缩放"选项左侧的"关键帧自动记录器"按钮 ⏱，记录第 1 个关键帧。将时间标签放置在"01s"的位置，设置"缩放"为 100.0, 100.0, 100.0%，记录第 2 个关键帧。

（8）将时间标签放置在"02s"的位置，在"时间轴"面板中，单击"缩放"选项左侧的"在当前时间添加或移除关键帧"按钮，记录第 3 个关键帧。将时间标签放置在 4: 24s 的位置，设置

"缩放"为 110.0，110.0，110.0%，记录第 4 个关键帧，如图 6-20 所示。

图6-20 设置缩放属性

（9）特卖广告效果制作完成，如图 6-14 所示。

任务4
制作学院风景三维动画效果

任务目标

1. 掌握"摄像机"的添加和使用。
2. 掌握"3D"图层参数的设置。
3. 掌握三维图层制作动画的方法。

任务描述

本任务利用三维图层完成三维风景图的搭建，添加摄像机和三维图层的旋转位移形成动画。效果如图 6-21 所示。

图6-21 效果图

（任）（务）（实）（施）

（1）新建合成。打开 After Effects 软件，执行菜单栏"合成"→"新建合成"命令，弹出"合成设置"对话框，设置参数，如图 6-22 所示。

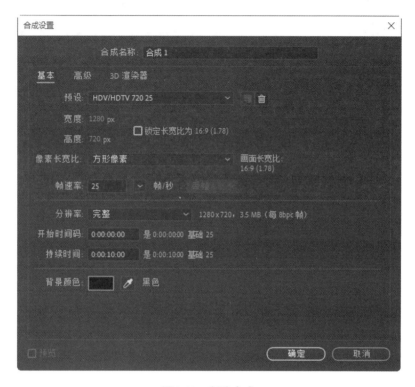

图6-22　新建合成

（2）导入素材。按 Ctrl+I 组合键，弹出"导入文件"对话框，将该案例的素材导入"项目"面板中。在"项目"面板中选择导入的素材，将其拖到"时间轴"面板中，如图 6-23 所示。

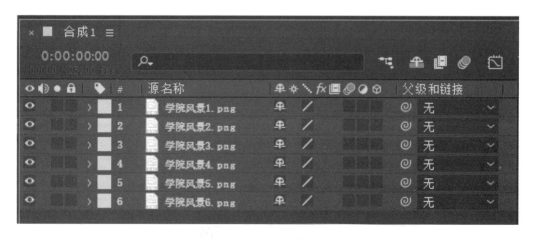

图6-23　导入素材

（3）新建摄像机。执行菜单栏"图层"→"新建"→"摄像机"命令，在弹出的"摄像机设置"对话框的"预置"下拉列表中选择"28 毫米"，如图 6-24 所示。

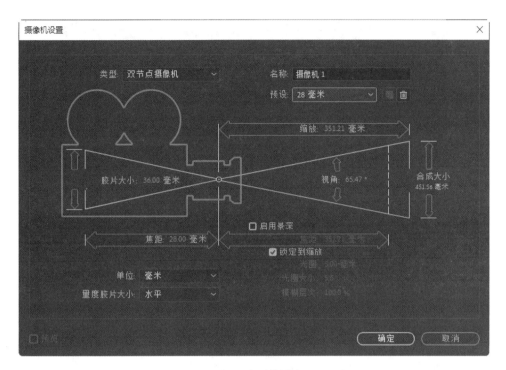

图6-24　新建摄像机

（4）打开三维开关。按住Shift键选中六个素材层，单击"3D图层"按钮 ⬢ ，如图6-25所示。

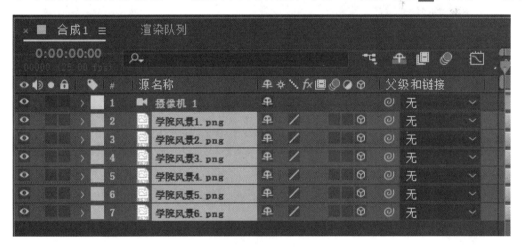

图6-25　打开三维开关

（5）调整初始位置。分别选用工具栏摄像机的三个工具 🔄✛⬇ 进行旋转、移动和推移至如图6-26所示初始位置。

（6）调整各图层的三维位置。选择"学院风景2.png"层，按P键调出"位置"属性，Z轴数值调整为600，如图6-27所示。

（7）选择"学院风景3.png"层，按P键调出"位置"属性，Z轴数值调整为300；按R键调出"旋转"属性，Y轴旋转0x-90°；按P键调出"位置"属性，X轴数值调整为340，如图6-28所示。

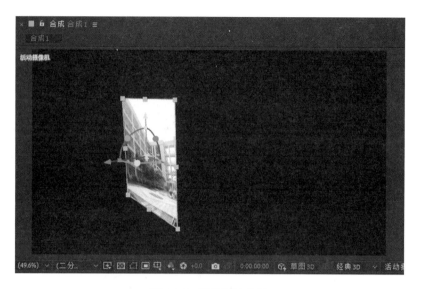

图6-26　调整初始位置

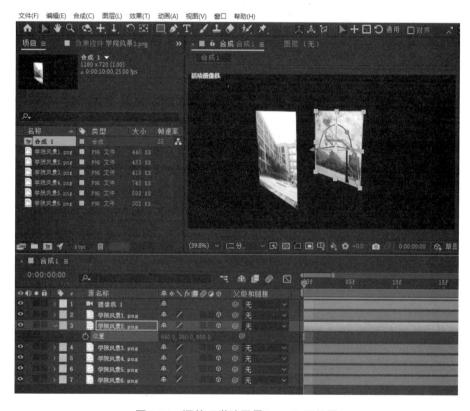

图6-27　调整"学院风景2.png"层位置

（8）选择"学院风景4.png"层，按P键调出"位置"属性，Z轴数值调整为300；按R键调出
"旋转"属性，Y轴旋转0x-90°；按P键调出"位置"属性，X轴数值调整为940，如图6-29
所示。

图6-28　调整"学院风景3.png"层位置

图6-29　调整"学院风景4.png"层位置

（9）选择"学院风景5.png"层，按P键调出"位置"属性，Z轴数值调整为300；按R键调出"旋转"属性，X轴旋转0x-90°；按P键调出"位置"属性，X轴数值调整为60，如图6-30所示。

图6-30　调整"学院风景5.png"层位置

（10）选择"学院风景6.png"层，按P键调出"位置"属性，Z轴数值调整为300；按R键调出"旋转"属性，X轴旋转0x+90°；按P键调出"位置"属性，Y轴数值调整为660，如图6-31所示。

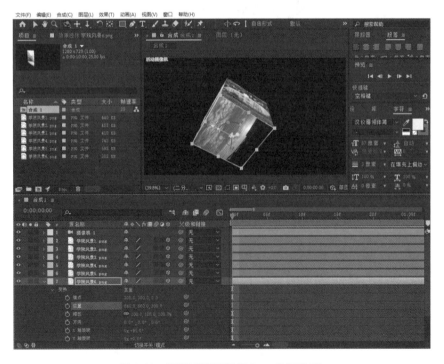

图6-31　调整"学院风景6.png"层位置

（11）建立预合成。同时选中这 6 个学院风景层，单击鼠标右键，选择"新建预合成"，单击其右边的塌陷开关❖，如图 6-32 所示。

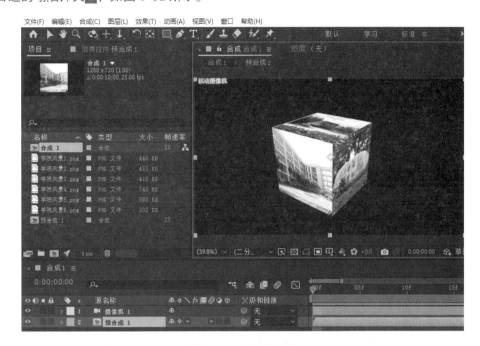

图6-32 建立预合成

（12）建立动画效果。选中"预合成 1"层，按 R 键调出"旋转"属性，激活关键帧，在 1s、3s 和 4s 等处适当调整数值，形成动画，如图 6-33 所示。

图6-33 建立动画效果

（13）三维动画效果制作完成，如图 6-21 所示。

任务5
制作报纸上的立体数字效果

任(务)目(标)

1. 掌握钢笔工具勾画路径的方法。
2. 掌握"路径文本"面板常用参数的设置。
3. 掌握投影和浮雕效果的应用。

任(务)描(述)

利用分形杂色、块溶解、卡片擦除等特效，制作立体交叉光线、转场、分屏等效果，通过摄像机调节实现三维空间变化动画，效果如图6-34所示。

图6-34　制作报纸上的立体数字效果

任(务)实(施)

（1）新建合成。打开After Effects软件，执行菜单栏"合成"→"新建合成"菜单命令，在弹出的"合成设置"对话框中设置参数，如图6-35所示。

（2）添加素材。将素材"报纸素材.jpg"拖曳到时间轴面板，单击"3D"按钮 ❖，打开三维开关，如图6-36所示。

（3）搭建报纸地板。按R键调出"旋转"属性，X轴旋转90°；选择"选取工具"将Z轴略往下拉动，如图6-37所示。

（4）添加文字层。选择"方正粗黑繁体"，选择适当大小，颜色为浅灰色，输入数字

"2022"，用鼠标右键单击文字图层，建立预合成"2022合成1"，单击"3D"按钮 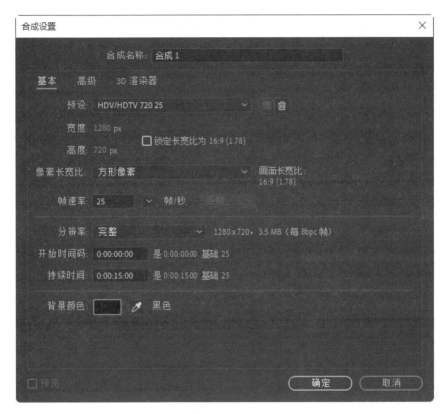，打开三维开关，如图6-38所示。

图6-35　新建合成

图6-36　添加素材

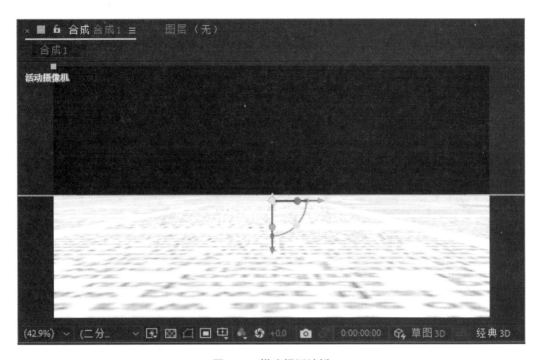

图6-37　搭建报纸地板

图6-38　添加文字层

（5）调整文字层位置。选择"左侧"视图，将文字层拉到报纸之上，如图6-39所示。

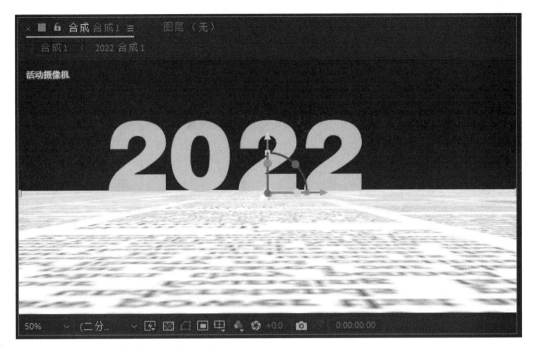

图6-39 调整文字层位置

（6）添加摄像机。执行菜单栏"图层"→"新建"→"摄像机"命令，在弹出的"摄像机设置"对话框的"预置"下拉列表中选择"35毫米"。并选用摄像机的三个工具 调整视图，如图6-40所示。

图6-40 调整视图

（7）调整摄像机运动轨迹。展开摄像机的"变换"属性，在"01s"处，单击 激活"目标点"和"位置"关键帧属性，回到"00s"处，选用"推拉"工具 将视图拉远，如图6-41所示。

（8）在"04s"处，分别选用摄像机的三个工具 调整视图，如图6-42所示。

（9）添加聚光灯。在时间轴空白处单击鼠标右键，在弹出的快捷菜单中选择"新建"→"灯光"，在弹出的"灯光设置"对话框中设置参数，如图6-43所示。

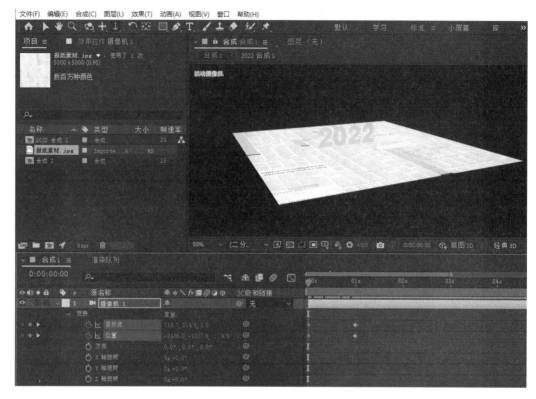

图6-41   调整摄像机运动轨迹

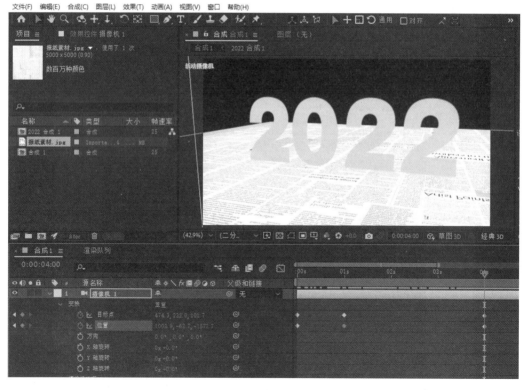

图6-42   调整视图

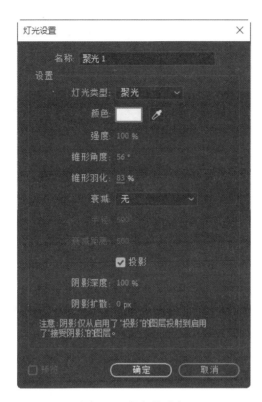

图6-43　添加聚光灯

（10）调整聚光灯各参数和三维位置。强度为650%，颜色为浅黄色，锥形角度为130.0°，位置左侧视图如图6-44所示。

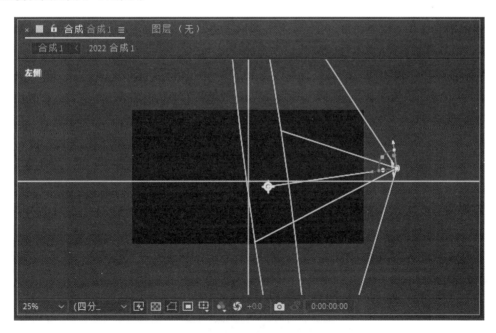

图6-44　调整聚光灯各参数和三维位置

（11）添加环境光。在"时间轴"空白处单击鼠标右键，在弹出的快捷菜单中选择"新

建"→"灯光",在弹出的"灯光设置"对话框
中设置参数,如图6-45所示。

（12）添加文字发光效果。选中文字层,执
行菜单栏中的"效果"→"风格化"→"发光"
命令,调整发光阈值为42%,发光半径为48%。

（13）三维动画效果制作完成,如图6-34
所示。

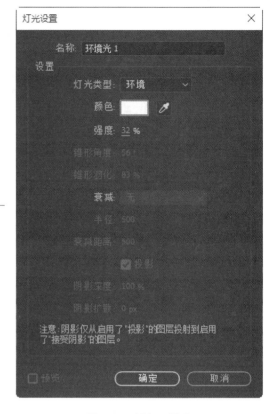

图6-45　添加环境光

拓展训练

制作逐字3D的效果

训练要求

（1）学会对文本使用"启用逐字3D化"功能。

（2）学会文本动画效果的调整。

步骤指导

（1）导入素材,新建合成（1 280×720）。

（2）新建纯色（绿色）背景,输入文字"众
志成城 中国加油",这两层都变为3D图层。

（3）选择"自定义视图1"。

（4）展开文字层,选择"文本"属性右边的"动画"→"启用逐字3D化"。

（5）选择"文本"属性右边的"动画"→"位置",调整Z轴数值为-300。

（6）在0s激活"起始"关键帧,在3s数值改为100%。

（7）在活动摄像机视图下即可看到如图6-46所示效果。

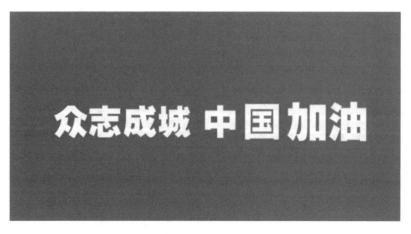

图6-46　逐字3D的效果图

特效应用 项目7

项目导学

　　本项目通过完成任务"学会过渡效果动画""添加声音效果""认识跟踪和表达式""使用粒子运动场制作文字动画",学会创建文字和添加效果。在影视特效合成中只有制作出优美的特效才能锻造出优美的作品。通过本项目的学习,培养学生良好的艺术修养。

素养目标

　　通过本项目的学习,培养学生良好的艺术修养。

项目7　特效应用

任务1
学会过渡效果动画

任务目标

1. 了解过渡类效果。
2. 使用过渡效果制作风景动画。

任务描述

After Effects 中的过渡效果与 Premiere 中的过渡效果有所不同，Premiere 主要是作用在两个素材之间，而 After Effects 是作用在图层上。本任务讲解了 After Effects 中 17 种常用的过渡效果类型，通过对素材添加过渡效果，可以使作品的转场变得更丰富。

任务实施

1．了解过渡类效果

过渡效果组可以制作多种切换画面的效果。选择至少两个素材拉到时间轴，选择第一个素材，单击鼠标右键，执行"效果"→"过渡"命令，即可看到如图 7-1 所示菜单命令。

渐变擦除：可以利用图片的明亮度创建擦除效果，使其逐渐过渡到另一个素材中。

卡片擦除：可以模拟体育场卡片效果进行过渡。

CC Glass Wipe（CC 玻璃擦除）：可以融化当前图层到第 2 图层。

CC Grid Wipe（CC 网格擦除）：可以模拟网格图形进行擦除。

CC Image Wipe（CC 图像擦除）：可以擦除当前图层。

CC Jaws（CC 锯齿）：可以模拟锯齿形状进行擦除。

CC Light Wipe（CC 光线擦除）：可以模拟光线擦除的效果。

CC Line Sweep（CC 行扫描）：可以对图像进行逐行扫描擦除。

CC Radial ScaleWipe（CC 径向缩放擦除）：可以径向弯曲图层进行画面过渡。

CC Scale Wipe（CC 缩放擦除）：可以通过指定中心点进行拉伸擦除。

CC Twister（CC 扭曲）：可以在选定图层进行扭曲从而产生画面的切换过渡。

CC WarpoMatic（CC 变形过渡）：可以使图像产生弯曲变形，并逐渐变为透明的过渡效果。

光圈擦除：可以通过修改 Alpha 通道进行星形擦除。

块溶解：可以使图层在随机块中消失。

百叶窗：可以通过修改 Alpha 通道进行定向条纹擦除。

径向擦除：可以通过修改 Alpha 通道进行径向擦除。

线性擦除：可以通过修改 Alpha 通道进行线性擦除。

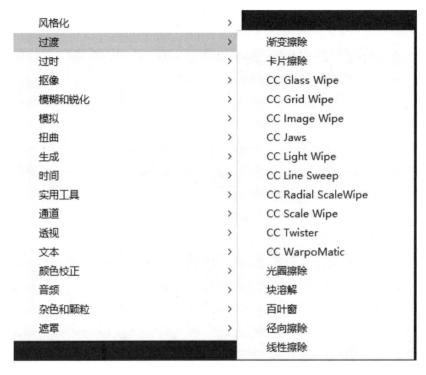

图7-1 过渡效果组

2. 使用过渡效果制作风景动画

使用CC Grid Wipe、CC Line Sweep及CC Image Wipe过渡效果制作出风景动画效果，如图7-2所示。

图7-2 风景动画效果

（1）新建合成。在"项目"面板中右击，执行"新建合成"命令，在打开的"合成设置"窗口中进行设置，如图7-3所示。

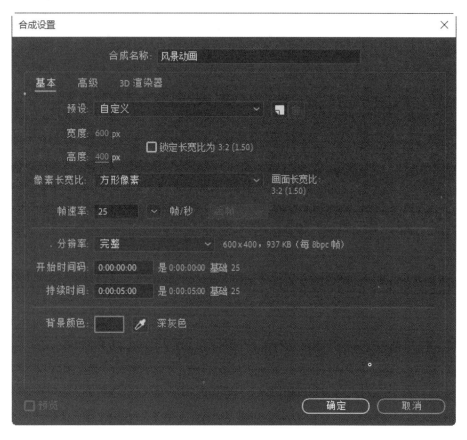

图7-3　合成设置

（2）导入素材。用鼠标双击"项目"面板导入所需素材，依次选择"学院风景01.jpg"～"学院风景04.jpg"素材文件，并拖曳到"时间轴"面板中，如图7-4所示。

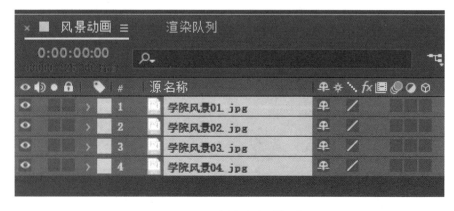

图7-4　导入素材到时间轴面板

（3）制作画面的动画效果。在"效果和预设"面板中搜索 CC Grid Wipe（CC 网格擦除）效果，并将该效果拖曳到"时间轴"面板的"学院风景 01.jpg"图层上，在"时间轴"面板中单击打开"学院风景 01.jpg"素材图层下方的"效果"CC Grid Wipe，将时间线拖动至起始位置处，单击 Completion（过渡完成）前方的"时间变化秒表"按钮 ⏱，设置 Completion 为 0.0%，将时间线拖动至 1s 位置处，设置 Completion 为 100.0%，如图 7-5 所示。

图7-5　设置过渡效果1

（4）在"效果和预设"面板中搜索 CC Line Sweep 效果，并将其拖曳到"时间轴"面板的"学院风景 02.jpg"图层上，在"时间轴"面板中单击打开"学院风景 02.jpg"素材图层下方的"效果"CC Line Sweep，设置 Direction（方向）为 0x+150.0°，将时间线拖动至 1s 位置处，单击 Completion 前方的"时间变化秒表"按钮 ⏱，设置 Completion 为 0.0%，再将时间线拖动至 2s 位置处，设置 Completion 为 100.0%，如图 7-6 所示。

图7-6　设置过渡效果2

（5）在"效果和预设"面板中搜索 CC Image Wipe 效果，并将其拖曳到"时间轴"面板的"学院风景 03.jpg"图层上，在"时间轴"面板中单击打开"学院风景 03.jpg"素材图层下方的"效果"CC Image Wipe，设置 Border Softness（柔化边缘）为 37.0%，将时间线拖动至 2s 位置处，单击 Completion 前面的"时间变化秒表"按钮 ⏱，设置 Completion 为 0.0%，再将时间线拖动至 3s 位置处，设置 Completion 为 100.0%，如图 7-7 所示。

图7-7　设置过渡效果3

（6）渲染输出。此时任务制作完成，选择时间轴上的合成，按 Ctrl+M 组合键渲染输出，即得到最终效果，如图 7-2 所示。

任务2
添加声音效果

任 务 目 标

1. 掌握如何导入声音和添加效果。

2. 会为瀑布添加声音效果。

任 务 描 述

声音属于听觉感知，能对它做出不同的效果，无疑是为视频锦上添花。

任 务 实 施

1. 导入声音和添加效果

（1）声音的导入与监听。启动 After Effects 软件后，执行"文件"→"导入"→"文件"命令，在弹出的"导入文件"对话框中，选择素材中的"07-01.mp4"文件，单击"导入"按钮导入文件。在"项目"面板中选中该素材，这时可以看到预览窗口下方出现了声波图形，如图 7-8 中的箭头所示。这说明该视频素材携带着声道。从"项目"面板中将"07-01.mp4"文件拖曳到"时间轴"面板中。

执行"窗口"→"预览"命令，或按 Ctrl+3 组合键，在打开的"预览"面板中确定图标🔊为弹起状态，如图 7-9 所示。在"时间轴"面板中同样确定图标为弹起状态，如图 7-10所示。

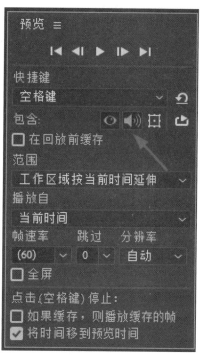

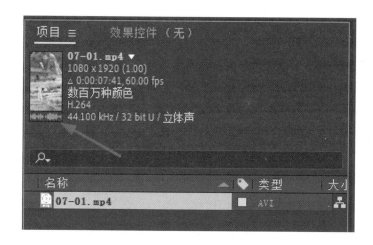

图7-8　导入带有声道的素材

图7-9　"预览"窗口

图7-10　"时间轴"面板

按 0 键即可监听影片的声音，在按住 Ctrl 键的同时，拖动时间标签，可以实时听到当前时间指针位置的音频。

执行"窗口"→"音频"命令，或按 Ctrl+4 组合键，打开"音频"面板，在该面板中拖曳滑块可以调整声音素材的总音量或分别调整左右声道的音量，如图 7-11 所示。

在"时间轴"面板中打开"波形"卷展栏，可以在其中显示声音的波形，调整"音频电平"右边的两个参数可以分别调整左、右声道的音量，如图 7-12 所示。

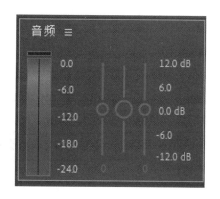

图7-11　"音频"面板

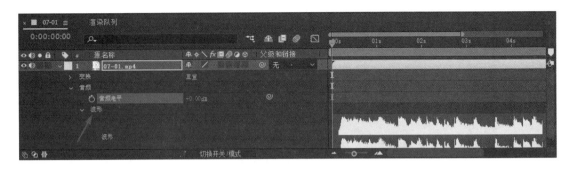

图7-12 "波形"卷展栏

（2）声音长度的缩放。在"时间轴"面板底部单击按钮 ，将控制区域完全显示出来。在"持续时间"栏可以设置声音的播放长度，在"伸缩"栏可以设置播放时长与原始素材时长的百分比，如图 7-13 所示。例如，将"伸缩"设置为 200.0% 后，声音的实际播放时长是原始素材时长的 2 倍。但通过这两个参数缩短或延长声音的播放长度后，声音的音调也同时升高或降低。

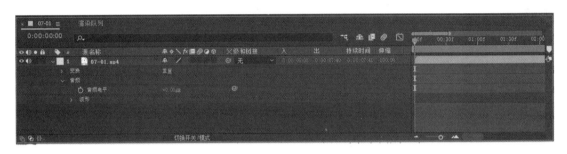

图7-13 "伸缩"栏

（3）声音的淡入淡出。将时间标签拖曳到起始帧的位置，在"音频电平"左侧单击"关键帧自动记录器"按钮 ，添加关键帧，输入参数 -100.00； 拖曳时间标签到 2: 00s 的位置，输入参数 0.00，观察到在"时间轴"上增加了两个关键帧。此时，按住 Ctrl 键，拖曳时间标签，可以听到声音由小变大的淡入效果。

拖曳时间标签到 6: 10s 的位置，输入"音频电平"参数为 0.10； 拖曳时间标签到结束帧，输入"音频电平"参数为 -100.00。"时间轴"面板的状态如图 7-14 所示。按住 Ctrl 键，拖曳时间标签，可以听到声音的淡出效果。

图7-14 设置淡入淡出效果

（4）倒放。执行"效果"→"音频"→"倒放"命令，即可将倒放效果添加到"效果控件"面板中。该效果可以倒放音频素材，即从最后一帧向第一帧播放。勾选"互换声道"复选框可以交换左、右声道中的音频，如图 7-15 所示。

图7-15　设置倒放效果

（5）低音和高音。执行"效果"→"音频"→"低音和高音"命令，即可将低音和高音效果添加到"效果控件"面板中。滑动"低音"或"高音"滑块可以增加或减少音频中低音和高音的音量，如图 7-16 所示。

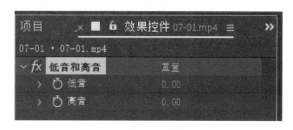

图7-16　设置低音和高音效果

（6）延迟。执行"效果"→"音频"→"延迟"命令，即可将延迟效果添加到"效果控件"面板中。它可将声音素材进行多层延迟来模仿回声效果，例如，制作墙壁的回声或山谷中的回音。"延迟时间（毫秒）"用于设定原始声音与其回音的时间间隔，单位为 ms。"延迟量"用于设置延迟音频的音量。"反馈"用于设置由回音产生的后续回音的音量。"干输出"用于设置声音素材的电平。"湿输出"用于设置最终输出声波的电平，如图 7-17 所示。

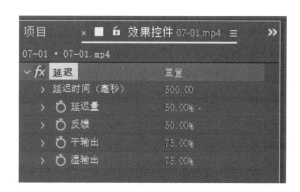

图7-17　设置延迟效果

（7）变调与合声。执行"效果"→"音频"→"变调与合声"命令，即可将变调与合声效果添加到"效果控件"面板中。"变调"效果的产生原理是将声音素材的一个拷贝稍做延迟后与原声音混合，从而造成某些频率的声波产生叠加或相减效果，这在声音物理学中被称为"梳状滤波"，它会产生一种"干瘪"的声音效果，该效果在电吉他独奏中经常应用。混入多个延迟的拷贝声音后，会产生乐器的"合声"效果。

该效果的参数设置如图7-18所示。"语音分离时间（ms）"用于设置延迟的拷贝声音的数量，增大此值将使卷边效果减弱而使合唱效果增强。其中，"语音"用于设置拷贝声音的混合深度。"调制速率"用于设置拷贝声音相位的变化程度。"干输出/湿输出"用于设置最终输出中的原始（干）声音量和延迟（湿）声音量。

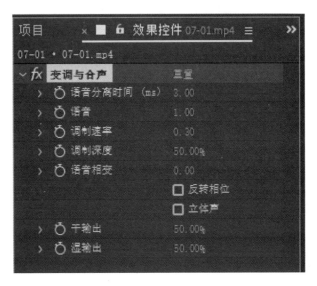

图7-18　设置变调与合声效果

（8）高通/低通。执行"效果"→"音频"→"高通/低通"命令，即可将该效果添加到"效果控件"面板中。该声音效果只允许设定的频率通过，通常用于滤去低频率或高频率的噪声，如电流声、咝咝声等。在"滤镜选项"栏中可以选择使用"高通"或"低通"方式。"屏蔽频率"用于设置滤波器的分界频率，选择"高通"方式滤波时，低于该频率的声音被滤除；选择"低通"方式滤波时，高于该频率的声音被滤除。当选择"低通"方式滤波时，则高于该频率的声音被滤除。"干输出/湿输出"用于设置最终输出中的原始（干）声音量和延迟（湿）声音量，如图7-19所示。

图7-19　设置高通/低通效果

（9）调制器。执行"效果"→"音频"→"调制器"命令，即可将调制器效果添加到"效果控件"面板中。该声音效果可以为声音素材加入顺音效果。该效果的参数如图7-20所示。"调制类型"用于选择颤音的波形，"调制速率"以Hz为单位设置颤音调制的频率。"调制深度"以调制频率的百分比为单位设置颤音频率的变化范围。"振幅变调"用于设置颤音的强弱。

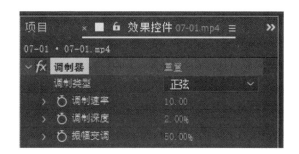

图7-20 设置调制器

2. 为瀑布添加声音效果

学习如何使用"倒放"和"高通/低通"特效为瀑布添加声音特效，效果如图7-21所示。

图7-21 效果图

（1）新建合成。在"项目"面板中单击鼠标右键，选择"新建合成"，在打开的"合成设置"窗口中进行设置，如图7-22所示。

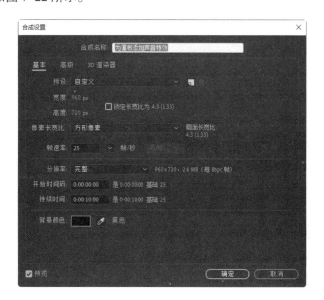

图7-22 新建合成

（2）导入素材。双击"项目"面板，导入素材"瀑布.mp4"和"瀑布声.mp3"，并将两个素材拖曳到"时间轴"面板，如图7-23所示。

图7-23　导入素材

（3）调整音频电平数值。选中02图层，将时间标签放置在"08s"位置，展开该图层的音频属性，单击"音频电平"前面的"时间变化秒表"按钮 ，将时间标签拖曳至末尾，设置"音频电平"值为 –20.00 dB，如图 7-24 所示。

图7-24　调整音频电平数值

（4）添加倒放效果。选中02图层，执行菜单栏"效果"→"音频"→"倒放"命令，如图7-25所示。

图7-25　添加"倒放"效果

（5）添加高通 / 低通效果。选中 02 图层，执行菜单栏"效果"→"音频"→"高通 / 低通"命令，设置滤镜选项为"低通"，其他选项不变，如图 7-26 所示。

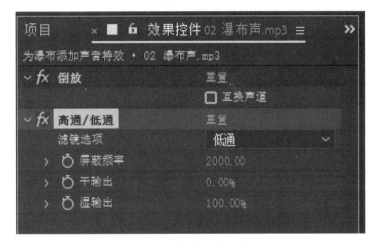

图7-26　添加高通/低通效果

（6）渲染输出。此时任务制作完成，选择"时间轴"面板上的合成，按 Ctrl+M 组合键渲染输出，即可得到最终效果，如图 7-21 所示。

任务3
认识跟踪和表达式

任务目标

1. 认识跟踪运动。
2. 了解稳定的概念。
3. 认识表达式。

任务描述

本任务学习 After Effects 中的跟踪、稳定和表达式。重点讲解了跟踪运动中的单点跟踪和多点跟踪、表达式中的创建表达式和编辑表达式。通过学习本任务的内容，读者可以制作影片自动生成的动画，完成最终的影片效果。

"跟踪"和"稳定"是 After Effects 中比较复杂的功能，使用频率较低，但是需要了解。有时在处理视频时会遇到需要进行跟踪或稳定的操作，需注意跟踪和稳定也不是万能的，跟踪和稳定的完成效果与视频素材的拍摄精度及拍摄情况有重要关联。

任务实施

1．单点跟踪

在某些合成效果中，可能需要用某种效果跟踪另外一个物体运动，从而创建出想要的效果。例如，动态跟踪效果通过追踪乌龟单独一个点的运动轨迹，使调节层与乌龟的运动轨迹相同，完成合成效果，如图 7-27 所示。

图7-27　单点跟踪

执行"动画"→"跟踪运动"或"窗口"→"跟踪器"命令，打开"跟踪器"面板，在"图层"面板中显示当前图层。设置"跟踪类型"为"变换"，制作单点跟踪效果。在该面板中还可以设置"跟踪摄像机""变形稳定器""跟踪运动""稳定运动""运动源""当前跟踪""位置""旋转""缩放""编辑目标""选项""分析""重置"和"应用"等，与"图层"面板相结合，可以设置单点跟踪，如图 7-28 所示。

2．多点跟踪

在某些影片的合成过程中，经常需要将动态影片中的其一部分图像设置成其他图像，并生成跟踪效果，制作出想要的结果。例如，将一段影片与早一指定的图像进行置换合成。动态跟踪效果通过追踪手机上的 4 个点的运动轨迹，使指定置换的图像上手机的运动轨迹相同、完成合成效果。

多点跟踪效果的设置与单点跟踪效果的设置大部分相同，只是选择"跟踪类型"为"透视边角定位"，指定类型后，在"图层"视图中，会由原来的定义 1 个跟踪点，变成定义 4 个跟踪点的位置制作多点跟踪效果。

图7-28 设置单点跟踪

3."稳定"处理

在拍摄视频时，有时设备的抖动导致视频素材非常晃动，这种素材是无法直接使用的，需要进行"稳定"处理。在After Effects软件中进行自动分析处理，完成对画面晃动的反作用补偿，从而实现画面稳定。

"稳定运动"可以将原本晃动的素材变得更稳定。选择"时间轴"面板中的素材，并在"跟踪器"面板单击"稳定运动"选项，勾选"位置"复选框，将跟踪点1的位置放置到画面需要稳定的位置，然后单击"向前分析"按钮▶，分析完成后单击"应用"按钮，并在打开的"动态跟踪器应用选项"窗口中单击"确定"按钮，如图7-29所示。

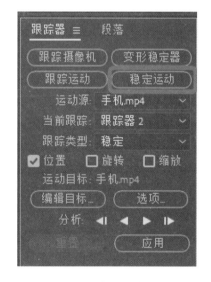

图7-29 稳定运动设置

4. 表达式

在After Effects中的表达式是基于传统的JavaScript语言，可以为属性编写表达式，使其快速产生应有的效果。表达式难度很大、不好理解，需要有一点编程基础，而且表达式的编写方式多样。本任务只讲解简单的表达式和常用的几种表达式。

表达式是由数字、运算符、数字分组符号（即括号）、自由变量和约束变量等可以求得数值的排列方法所得的组合。约束变量在表达式中表示已经被指定数值，而自由变量则可以另行指定其他数值。

在准备创建和链接复杂的动画，但想避免手动创建数十个乃至数百个关键帧时，可尝试使用表达式。表达式可以提高创作作品的效率，又能制作难度较大的效果。例如，需要创建一个图层不透明度的随机变化动画时，如果使用关键帧动画的方法制作，那需要花费大量时间去设置关键帧和参数，若使用表达式，则一段很短的表达式即可完成。

5. 为"乌龟爬行"设置单点跟踪

为"乌龟爬行"设置单点跟踪的最终效果如图 7-30 所示。

图7-30　最终效果图

（1）新建合成。在"项目"面板空白处双击鼠标导入"乌龟爬行 .mp4"，并将其直接拖曳到"时间轴"面板形成合成，如图 7-31 所示。

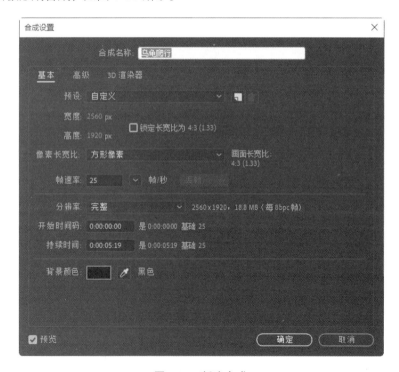

图7-31　新建合成

（2）设置跟踪点。执行菜单栏"窗口"→"跟踪器"命令，打开"跟踪器"面板，单击"跟踪运动"按钮，将跟踪点移动到乌龟眼睛处，如图7-32所示。

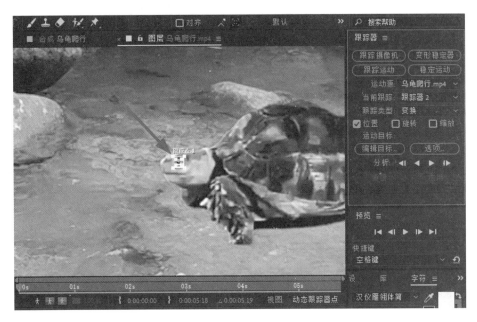

图7-32　设置跟踪点

（3）跟踪分析。单击"向前分析1个帧"按钮▶，逐帧跟踪，并纠正，确保跟踪点都在眼睛处，全部跟踪后如图7-33所示，按U键可以看到已经自动产生关键帧点。

图7-33　跟踪分析

（4）新建空对象。在"时间轴"面板空白处单击鼠标右键，在弹出的快捷菜单中执行"新建"→"空对象"命令，新建空对象"空1"，单击"编辑目标"设置"空1"为运动目标，单击"确定"按钮，在跟踪器面板单击"应用"按钮，最后再单击"确定"按钮，如图7-34所示。

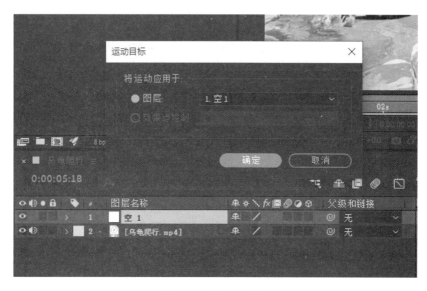

图7-34　新建空对象

（5）新建形状图层。在"时间轴"面板空白处单击鼠标右键，在弹出的快捷菜单中执行"新建"→"形状图层"命令，用"钢笔"工具绘制图7-35所示的图形，并去掉填充。

图7-35　新建形状图层

（6）新建文本图层。在"时间轴"面板空白处单击鼠标右键，在弹出的快捷菜单中执行"新建"→"文本"命令，如图7-36所示用"横排文字"工具 T 输入"乌龟"。

（7）新建预合成。按 Shift 键的同时选中刚建的形状图层和文本图层，按 Ctrl+Shift+C 组合键新建"预合成 1"，并在"预合成 1"后面设置其"父级关联器"为"2.空 1"，并将合并后的两个图层拖动到乌龟眼睛上面，如图 7-37 所示。

（8）渲染输出。此时任务制作完成，选择"时间轴"上的合成，按 Ctrl+M 组合键渲染输出，即可得到最终效果，如图 7-30 所示。

图7-36　新建文本图层

图7-37　新建预合成

6. 跟踪替换手机内容

跟踪替换手机内容效果如图 7-38 所示。

图7-38　最终效果图

（1）新建合成。双击"项目"面板空白处，导入"手机 .mp4"和"梯田 .jpg"，并将"手机 .mp4"直接拖曳到"时间轴"面板形成合成，将"梯田 .jpg"拉到图层"手机 .mp4"之上，如图 7-39 所示。

图7-39　新建合成

（2）设置跟踪点。执行菜单栏"窗口"→"跟踪器"命令，打开"跟踪器"面板，单击"跟踪运动"按钮，设置"跟踪类型"为"透视边角定位"，将 4 个跟踪点移动到手机屏幕 4 个边角，如图 7-40 所示。

图7-40　设置跟踪点

（3）跟踪分析。单击"向前分析"按钮 ▶ ，如图 7-41 所示完成分析。

图7-41　跟踪分析

（4）应用图片。单击"跟踪器"面板中的"应用"按钮，即得到如图 7-42 所示效果。

图7-42　应用图片

（5）渲染输出。此时任务制作完成，选择"时间轴"上的合成，按 Ctrl+M 组合键渲染输出，即可得到最终效果，如图 7-38 所示。

7．制作蝴蝶停留在花朵上（表达式的应用）

制作蝴蝶停留在花朵上（表达式的应用）效果如图 7-43 所示。

图7-43　最终效果图

（1）新建合成。双击项目面板空白处，导入"花朵.mp4"和"蝴蝶绿幕.mp4"，并将"花朵.mp4"直接拖曳到"时间轴"面板形成合成，将"蝴蝶绿幕.mp4"拖曳到图层"花朵.mp4"之上，如图7-44所示。

图7-44 新建合成

（2）添加模糊效果。关闭图层1前面的视频显示和隐藏按钮 👁，先将"蝴蝶绿幕.mp4"隐藏，选择"花朵.mp4"层，执行菜单栏"效果"→"模糊和锐化"→"高斯模糊"命令，展开"模糊度"属性，按Alt键的同时单击"模糊度"前面的"时间秒表按钮" ⏱，展开"表达式"属性，在右边表达式填写处输入"random（0，20）"，表示"花朵.mp4"层的模糊度为0~20%随机变换，如图7-45所示。

图7-45 添加模糊效果

（3）抠除绿幕背景。打开图层 1 前面的视频显示和隐藏按钮 ，执行菜单栏"效果"→
"Keying"→"Keylight（1.2）"命令，单击效果控件中的"吸管"按钮 ，吸取"蝴蝶绿幕 .mp4"
的背景绿色，如图 7-46 所示。

图7-46　抠除绿幕背景

（4）添加抖动属性。展开"蝴蝶绿幕 .mp4"的"位置"属性，按 Alt 键的同时单击"位置"
前面的"时间秒表按钮" ，展开"位置"属性，在右边表达式填写处输入"wiggle（3，50）"，
表示"蝴蝶绿幕 .mp4"层每秒抖动 3 次，每次位移 50 像素，如图 7-47 所示。

图7-47　添加抖动属性

（5）渲染输出。此时任务制作完成，选择"时间轴"上的合成，按 Ctrl+M 组合键渲染输出，
即可得到最终效果，如图 7-43 所示。

任务4
使用粒子运动场制作文字动画

任务目标

1. 掌握建立渐变动态背景。
2. 掌握文字动画特效。
3. 掌握粒子运动场特效。

任务描述

粒子是 After Effects 软件中非常重要的一个部分，它可以快速模拟出多种抽象的、迷幻的粒子效果，与光效搭配使用可以制作出非常梦幻的效果，而且应用的技术比较简单，主要使用滤镜 CC Particle World（粒子世界）、CC Particle Systems Ⅱ（粒子系统）粒子运动场等，还可以搭配其他滤镜进行制作。

本任务主要使用"渐变叠加"效果制作背景画面，使用"外发光"及"斜面和浮雕"效果为文字添加特殊效果，最后新建纯色图层，使用"粒子运动场"效果制作发散式粒子状态。

任务实施

使用粒子运动场制作文字动画效果如图 7-48 所示。

图7-48　最终效果图

（1）新建合成。在"项目"面板中单击鼠标右键，选择"新建合成"命令，在打开的"合成设置"窗口中设置"合成名称"为"合成1"，"预设"为"NTSC D1 方形像素"，"宽度"为720，"高度"为534，"像素长宽比"为"方形像素"，"帧速率"为29.97，"分辨率"为"完整"，"持续时间"为5s，如图7-49所示。

（2）新建纯色层。在"时间轴"面板的空白位置处单击鼠标右键，执行"新建"→"纯色"命令。在打开的"纯色设置"窗口中设置名称为"蓝色 纯色1"，"颜色"为蓝色，如图7-50所示。

（3）添加渐变叠加。在"时间轴"面板中单击选中"蓝色 纯色1"图层，并将光标定位在该图层上，单击鼠标右键，执行"图层样式"→"渐变叠加"命令，如图7-51所示。在打开的"渐变编辑器"窗口中分别单击左右两个"色标"进行选取颜色，编辑一个由浅蓝色到深蓝色的渐变，接着设置"样式"为反射，如图7-52所示。

（4）添加缩放关键帧。将"时间线"拖动到起始帧位置，单击"缩放"前的"时间变化秒表"按钮，设置"缩放"为150.0%，将时间线拖动到1s位置，设置"缩放"为30.0%，继续将时间线拖动到0:00:01:15帧位置，设置"缩放"为75.0%，如图7-53所示。

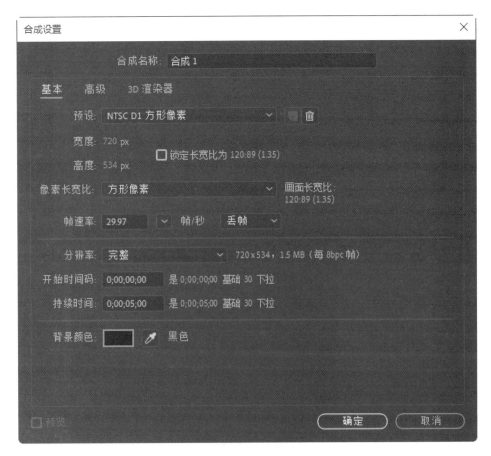

图7-49　新建合成

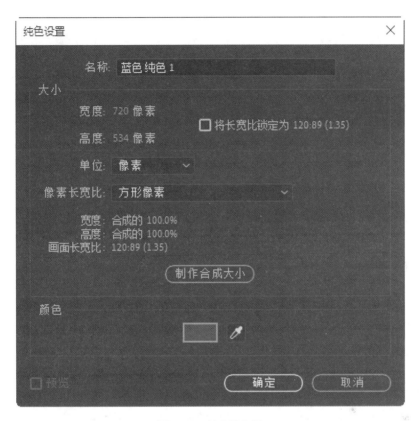

图7-50 新建纯色层

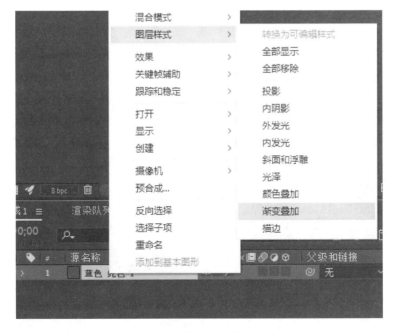

图7-51 添加"渐变叠加"

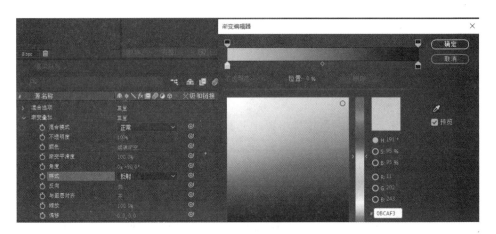

图7-52　编辑渐变

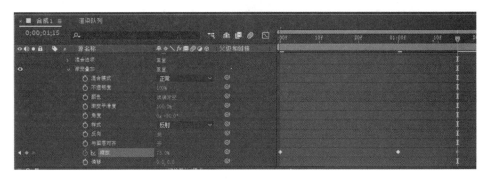

图7-53　添加缩放关键帧

（5）制作文字部分。在"时间轴"面板的空白位置处单击鼠标右键，执行"新建"→"文本"命令。在"字符"面板中设置合适的"字体系列"，设置"填充"为白色，"描边"为无，"字体大小"为65像素，在"段落"面板中选择█（居中对齐文本），设置完成后在画面合适位置输入文字：使用粒子运动场分两行制作文字动画，如图7-54所示。

图7-54　制作文字部分

（6）在工具栏中选择 T（横排文字工具），接着选中文字"粒子"，在"字符"面板中更改"字体大小"为"80 像素"。此时，文字变大了，继续选中文字"动画"，更改"字体大小"为"80像素"，如图 7-55 所示。

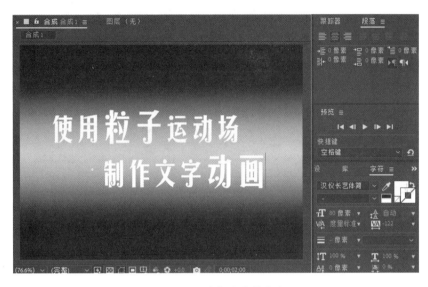

图7-55　改变部分字体大小

（7）添加斜面和浮雕效果。在"时间轴"面板中单击选中当前文本图层，并将光标定位在该图层上，单击鼠标右键，执行"图层样式""斜面和浮雕"命令，设置"大小"为10.0，"阴影颜色"为深蓝色，如图 7-56 所示。

图7-56　添加"斜面和浮雕"效果

（8）添加外发光效果。在"时间轴"面板中单击选中当前文本图层，并将光标定位在该图层上，单击鼠标右键执行"图层样式"→"外发光"命令，设置"混合模式"为正常，"颜色"为中黄色，"扩展"为 20.0%，"0 大小"为 7.0，如图 7-57 所示。

图7-57　添加"外发光"效果

（9）新建黄色纯色层。在"时间轴"面板的空白位置处单击鼠标右键，执行"新建"→"纯色"命令，在打开的"纯色设置"窗口中设置"名称"为黄色纯色1，"颜色"为柠檬黄，如图7-58所示。

（10）制作粒子效果。选中"时间轴"面板的"黄色纯色1"图层，执行菜单"效果"→"模拟"→"粒子运动场"命令，打开"黄色纯色1"图层下方的"效果"→"粒子运动场"→"发射"，设置"颜色"为淡黄色，将时间线拖动到起始帧位置，单击"圆筒半径"和"粒子半径"前的"时间变化秒表"按钮，设置"圆筒半径"为300.00，"粒子半径"为2.00；继续将时间线拖动到1s位置，设置"粒子半径"为5.00；最后将时间线拖动到3s位置，设置"圆筒半径"为1000.00，"粒子半径"为2.00，下面展开"排斥"，设置"力"为30.00，如图7-59所示。

图7-58　新建黄色纯色层

图7-59 制作粒子效果

（11）为粒子添加外发光效果。在"时间轴"面板中单击选中当前纯色图层，并将光标定位在该图层上，单击鼠标右键，执行"图层样式"→"外发光"命令。在"时间轴"面板中打开"黄色纯色 1"图层下方的"图层样式"→"外发光"，设置"不透明度"为100%，"颜色"为柠檬黄，"大小"为 12.0，如图 7-60 所示。

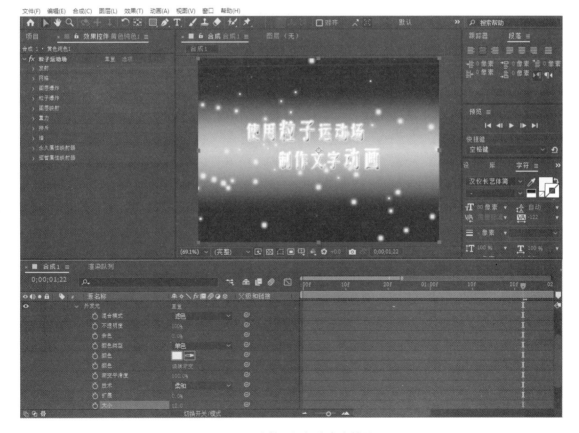

图7-60 为粒子添加外发光效果

（12）渲染输出。此时任务制作完成，选择时间轴上的合成，按 Ctrl+M 组合键渲染输出，即可得到最终效果，如图 7-48 所示。

📝 **拓展训练**

更换体育节目

训练要求

（1）新建合成，导入素材到时间轴。

（2）四点分析跟踪替换体育节目。

步骤指导

（1）导入素材，新建合成。

（2）使用"跟踪器"命令添加跟踪点。

（3）手动向前分析，微调，最后应用视频（体育节目）。最终效果如图 7-61 所示。

图7-61　最终效果图

电视节目《汉字之美》栏目包装　项目8

教学目标

1. 了解电视栏目包装的各种表现形式及理论，熟悉栏目包装动画的制作步骤和规范。

2. 熟悉Particular等插件的使用方法，蒙版、文字等动画技术的应用（难点）。

3. 掌握摄像机的使用和景深设置（重点）。

4. 领略中国汉字之美（课程思政）。

项目8　电视节目"汉字之美"栏目包装

8.1
电视栏目包装概述

电视栏目包装是对电视节目、栏目、频道甚至是电视台的整体形象进行一种外在形式要素的规范和强化，已成为电视台和各电视节目公司、广告公司最常用的概念之一。为了突出节目、栏目、频道个性特征和特点；确立并增强观众对节目、栏目、频道的识别能力；确立节目、栏目、频道的品牌地位；使包装的形式和节目、栏目、频道融为有机的组成部分；好的节目、栏目、频道的包装能赏心悦目，本身就是精美的艺术品。栏目包装是电视媒体自身发展的需要，是电视节目、栏目、频道成熟稳定的一个标志。

8.2
创意与展示

8.2.1　任务创意描述

本项目是电视节目《汉字之美》的栏目包装片段，片中应用了"Particular"特效创建了在汉字偏旁部首的汪洋中遨游，最后汇聚成"汉字之美"的文字主题，应用了摄像机运动和摄像机的景深设置，增强了纵深感。

8.2.2　任务效果展示

任务效果如图 8-1 所示。

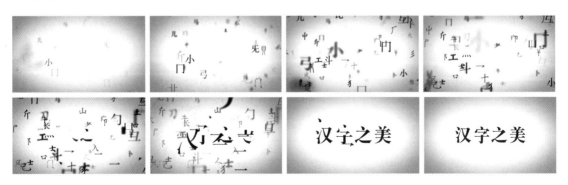

图8-1　效果展示

8.3

任务实现

8.3.1　汉字偏旁部首元素创建

（1）打开 Adobe Illustrator，执行"文件"→"新建"命令，弹出"新建"对话框，设置参数，宽度为 500 px，高度为 500 px，如图 8-2 所示，单击"创建"按钮，创建新画布。

图8-2　新建文件

（2）使用文字工具，在画布中输入文字"丨丿丿乛一乙丶乚十厂匚刂卜门亻八人入勹刂匕几冖冫冖讠卩阝刀力又厶廴干艹屮彳巛川辶寸大飞乩工弓廾己彐巾囗马门宀女犭山彡尸忄士扌氵纟巳土囗兀夕小忄幺弋尢夂子贝比灬长车歹斗厄方风父戈爿户火无见斤耂毛木牛牜"等偏旁部首，如图 8-3 所示。

（3）使用文字工具，依次选择不同文字，为不同文字替换不同字体，可以将文字替换为"宋体""楷体""行书""魏碑""隶书""篆书"和"瘦金"等不同中文字体，如图 8-4 所示。

（4）执行"文字"→"创建轮廓"命令，将文字转换为轮廓（图 8-5），执行"对象"→"取消编组"命令，全选文字，分别执行"对象"→"对齐"→"水平居中对齐"和"对象"→"对齐"→"垂直居中对齐"命令，如图 8-6 所示。

（5）按住 Shift+Alt 组合键，将文字拉大至画布居中位置，如图 8-7 所示。

（6）在"图层"面板中，选中"图层 1"，单击"图层"面板右上角的按钮▤，在弹出的下拉菜单中选择"释放到图层（顺序）"，如图 8-8 所示。

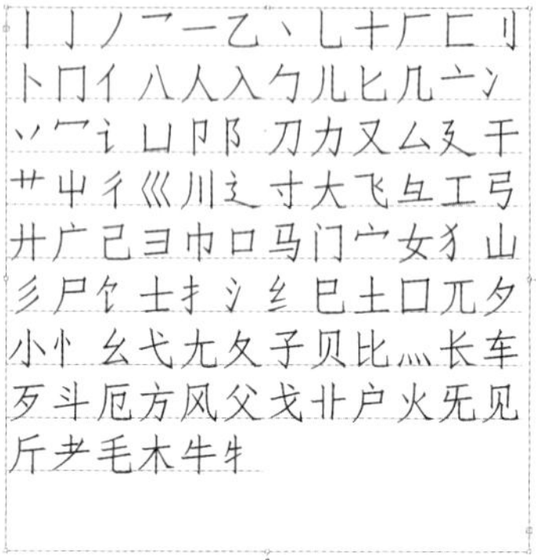

图8-3　输入文字

图8-4　更改字体

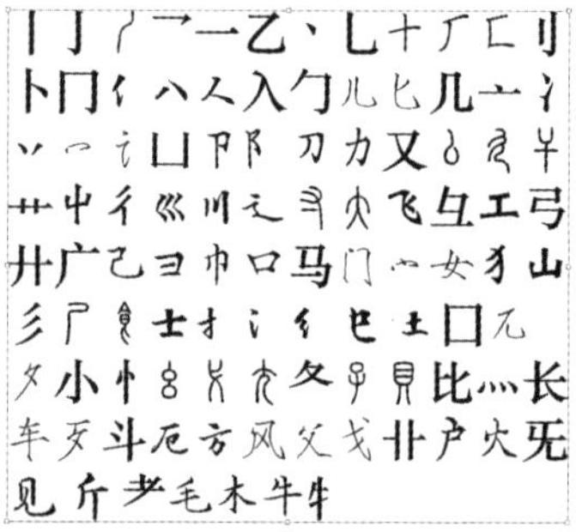

图8-5　创建轮廓

图8-6　居中对齐

图8-7　放大文字

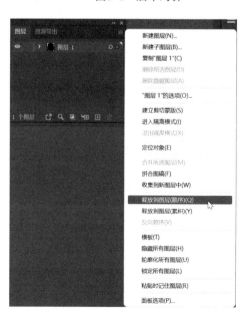

图8-8　释放到图层

（7）"图层"面板中将会由"图层 1"内的复合路径（图 8-9），转换为单独的图层（图 8-10），全选"图层 1"内的所有图层，将其移至"图层 1"之外（图 8-11）。

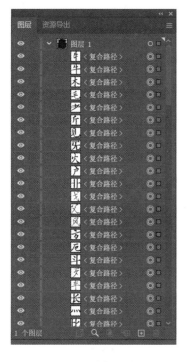 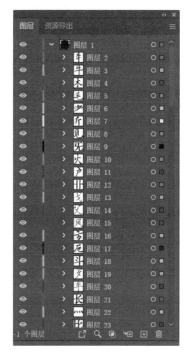 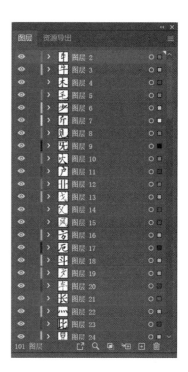

图8-9 选择文字　　　　　　图8-10 转换为单独图层　　　　图8-11 移出"图层1"之外

（8）执行"文件"→"存储为"命令，将文件名存储为"偏旁部首 .ai"。

8.3.2 Particular粒子创建

（1）打开 After Effects 软件，执行"合成"→"新建合成"命令，在弹出的"合成设置"对话框中，设置参数，将合成名称命名为"汉字之美"，如图 8-12 所示。

（2）执行"图层"→"新建"→"纯色"命令，在弹出的"纯色设置"对话框中，设置参数，将名称命名为"粒子发射"，如图 8-13 所示。

图8-12 新建合成　　　　　　　　　　　图8-13 新建纯色图层

（3）选择图层"粒子发射"，执行"效果"→"RG Trapcode"→"Particular"命令，在效果控件栏中会看到 Particular 效果菜单，如图 8-14 所示，在时间轴栏中，将时间拖动至 4s 处，可以显示粒子发射效果，如图 8-15 所示。

图8-14　粒子控件　　　　　　　　　　　　　　图8-15　粒子效果

（4）在 Particular 效果菜单中，展开"Emitter"选项，设置参数如图 8-16 所示，选择 Emitter Size 类型为"XYZ individual"，分别设置 X、Y、Z 轴参数，让粒子扩散开，如图 8-17 所示。

图8-16　调整参数　　　　　　　　　　　　　　图8-17　参考效果

（5）在 Particular 效果菜单中，展开"Particle"选项，将"Particle Type"选项更改为"Sprite"，设置其他参数如图 8-18 所示，此时粒子颗粒将变成方块状，如图 8-19 所示。

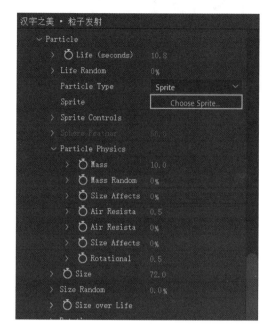

图8-18　调整参数

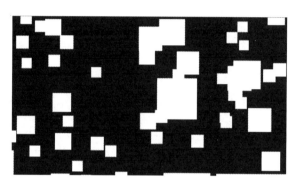

图8-19　参考效果

（6）执行"文件"→"存储"命令，保持定期存储习惯。

8.3.3　文字替换粒子

（1）执行"文件"→"导入"命令，将 8.3.1 制作的"偏旁部首 .ai"导入 After Effects，导入为：合成 – 保持图层大小，勾选"创建合成"，如图 8-20 所示，导入合成如图 8-21 所示。

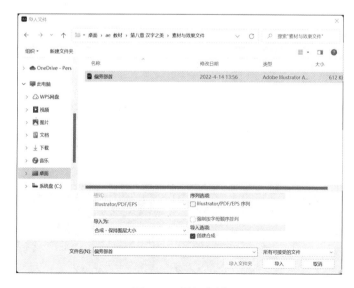

图8-20　导入素材

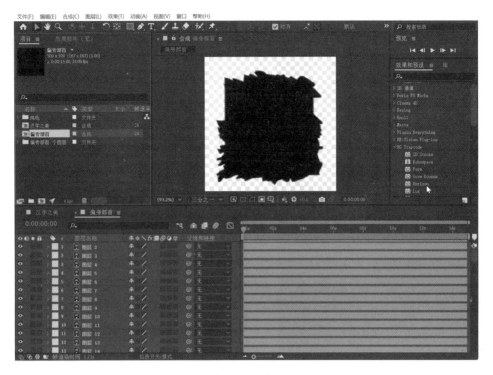

图8-21　导入结果

（2）在合成"偏旁部首"中，全选所有图层，将所有图层的时间线都缩短为1帧，如图8-22
所示。

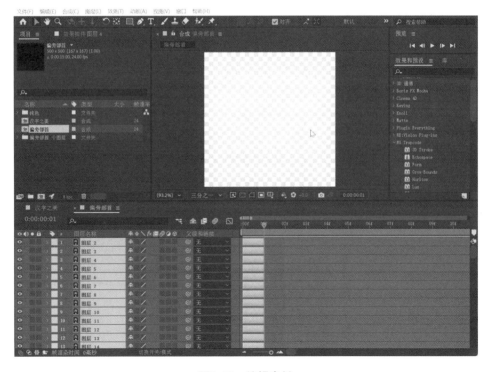

图8-22　编辑素材

（3）保持图层全选状态，在图层上单击鼠标右键，在弹出菜单中选择"关键帧辅助"→"序列图层"，弹出"序列图层"对话框（图8-23），单击"确定"按钮，图层将依次排序如图8-24所示。

图8-23 序列图层

（4）双击项目栏中的"汉字之美"合成，回到"汉字之美"合成中，将项目栏中"偏旁部首"的合成拖曳到"汉字之美"的时间线窗口中，并关闭"偏旁部首"图层的显示，如图8-25所示。

图8-24 序列图层结果

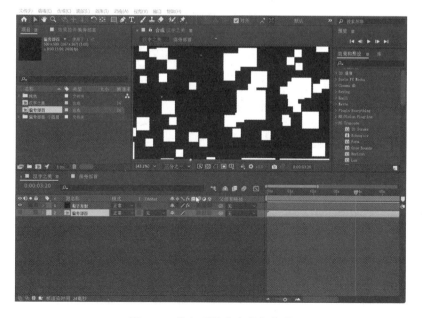

图8-25 拖入"汉字之美"合成

（5）选择图层"粒子发射"，进入到效果控件中，展开"Particle"→"Spite Controls"选项，设置参数如图8-26所示，开启"合成"窗口中的切换透明网格■图标，显示出替代白色粒子的偏旁部首文字，如图8-27所示。

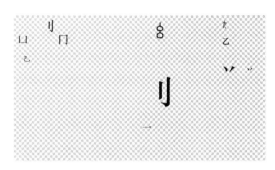

图8-26　调整选项　　　　　　　　　　　　　图8-27　参考结果

（6）执行"文件"→"存储"命令，保持定期存储习惯。

8.3.4　摄像机景深动画

（1）执行"图层"→"新建"→"摄像机"命令，选择预设：50毫米摄像机，如图8-28所示。

（2）执行"图层"→"新建"→"空对象"命令，为空对象重命名为"摄像机控制"，如图8-29所示。

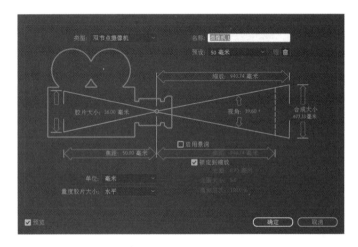

图8-28　新建摄像机

图8-29　新建空对象

（3）在"时间轴"面板中，开启"摄像机控制"图层的3D图层 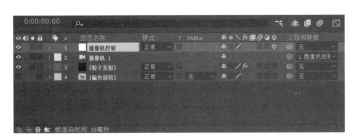图标，并将图层"摄像机1"的父级图层设定为"1.摄像机控制"，如图8-30所示。

（4）将时间轴中的时间线移至"0: 00: 00: 00"位置，按P键，打开位置关键帧属性，单击位置关键帧的"时间变化秒表" 按钮，创建关键帧，参数设置如图8-31所示。

图8-30　父级图层关联

图8-31　设置关键帧1

（5）将时间轴中的时间线移至"0: 00: 09: 10"位置，设置位置关键帧参数如图8-32所示。按空格键，此时可以预览摄像机向前推进的动画效果。

图8-32　设置关键帧2

（6）通过预览动画可见"0: 00: 00: 00"秒出画面为空白画面，为使画面有满屏感，在时间线窗口中将"粒子发射"图层进度条向左拖动3s左右，如图8-33所示。

图8-33　移动进度条

（7）执行"新建"→"图层"→"纯色"命令，在"纯色设置"窗口中，设置颜色为"白色"，图层命名为"背景"，如图8-34所示。使用相同方法，再新建纯色层，图层命名为"暗角"，设置颜色为"黑色",如图8-35所示。

图8-34 新建背景图层   图8-35 新建暗角图层

(8)在"时间线"窗口中,按住Shift键同时选中图层"暗角"与"背景",向下拖曳,移至图层最下方,如图8-36所示。

(9)选择"暗角"图层,在工具栏中双击"椭圆"按钮▣,"暗角"图层将会出现一个满屏的椭圆蒙版,如图8-37所示。

图8-36 排序图层   图8-37 参考效果

(10)展开"暗角"图层的蒙版选项,设置参数,如图8-38所示,画面预览效果如图8-39所示。

图8-38 调整参数   图8-39 画面预览效果

(11)打开图层"摄像机 1"的摄像机选项的折叠菜单,设置参数如图8-40所示。画面中会产生摄像机景深效果,如图8-41所示。在摄像机选项参数中,开启景深可以产生摄像机的景深模糊；光圈数值越大，景深模糊也会越大。

图8-40　调整参数

图8-41　摄像机景深效果

（12）执行"文件"→"存储"命令，保持定期存储习惯。

8.3.5　汉字之美文字拆分

（1）单击"合成"窗口中的"选择网格和参考线"按钮■，在弹出菜单中选择"标题／动作安全"命令，画面中出现安全框，如图 8-42 所示。

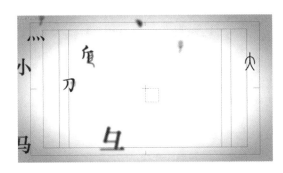

图8-42　添加安全框

（2）使用点文字工具，依次输入"汉""字""之""美"4 个字，一个字一个图层，如图 8-43 所示，使用字符面板调整文字大小，设置字体为"标题宋"，利用对齐面板将文字垂直对齐和水平均匀分布，如图 8-44 所示。

图8-43　输入文字

图8-44　文字效果

（3）数一下"汉"字笔画数，"汉"字 5 笔，选择"汉"图层，连按 4 次 Ctrl+D 键，得到 5 个"汉"字图层，如图 8-45 所示。同理类推，"字"字 5 笔，复制成 5 个图层；"之"字 3 笔，复制成 3 个图层；"美"字 9 笔，复制成 9 个图层。

图8-45　重复文字

（4）在"时间轴"面板中，选择图层"汉"，按下图层左端的"独奏"按钮◙，如图 8-46 所示。使用"钢笔"工具，沿笔画"、"将其用蒙版勾选出来，如图 8-47 所示。

图8-46　进入独奏状态　　　　　　　　　　　　　　　　图8-47　创建蒙版1

（5）关闭图层"汉"的"独奏"按钮◙，选择"汉 1"图层，开启"汉 1"的"独奏"按钮◙，使用"钢笔"工具，沿笔画"、"将其用蒙版勾选出来，如图 8-48 所示。

（6）关闭图层"汉 1"的"独奏"按钮◙，选择"汉 2"图层，开启"汉 2"的"独奏"按钮◙，使用"钢笔"工具，沿笔画"丿"将其用蒙版勾选出来，如图 8-49 所示。

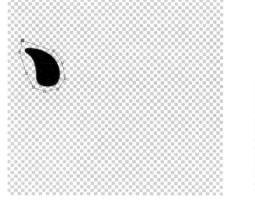

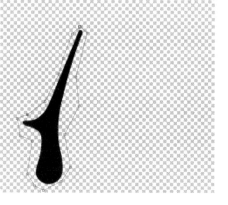

图8-48　创建蒙版2　　　　　　　　　　　图8-49　创建蒙版3

（7）使用相同方法，将"汉"其他两个图层用蒙版勾选出笔画，分别如图8-50和图8-51所示，注意笔画中的交叠部分，需要补全。

图8-50　创建蒙版4

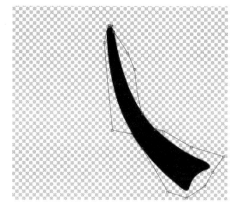

图8-51　创建蒙版5

（8）使用上述方法，分别将"字""之"和"美"3个字进行笔画分离，关闭所有独奏图层，如图8-52所示。

（9）选中所有文字图层，执行"图层"→"变换"→"在图层内容中居中放置锚点"命令，将所有文字图层锚点居中，如图8-53所示。

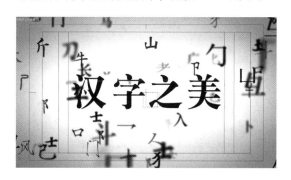

图8-52　拆分文字后结果

图8-53　锚点居中

（10）执行"文件"→"存储"命令，保持定期存储习惯。

8.3.6　聚焦动画

（1）保持所有文字图层为选中状态，开启所有文字图层的3D图层按钮，如图8-54所示，所有文字图层都将显示三维的轴，如图8-55所示。

（2）执行"图层"→"新建"→"空对象"命令，将空对象重命名为"文字控制"，如图8-56所示，开启"文字控制"图层的3D图层按钮，再次将所有文字图层选中，将文字图层的父级关联器图标拖曳至"文字控制"图层上，完成所有文字图层与"文字控制"图层的关联，如图8-57所示。

（3）点选"合成"窗口右下角"选择视图布局"，在弹出菜单中选择"2个视图"，如图8-58所示。

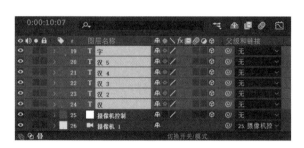

图8-54　开启3D图层

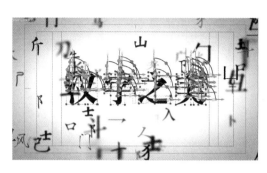

图8-55　参考结果

图8-56　建立空对象

图8-57　设定父子级图层

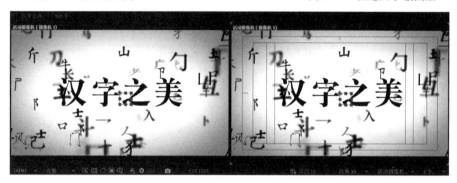

图8-58　选择"2个视图"

（4）选择左侧视图，在"合成"窗口的"3D视图弹出式菜单"的弹出菜单中选择"顶部"，如图8-59所示。

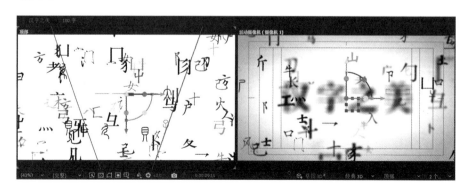

图8-59　调出顶部视图

（5）使用鼠标滚轮滑动左侧视图，缩小视图至能见到摄像机全貌，在时间线窗口中，将时

间线拖至"0: 00: 12: 00"位置，选择"文字控制"图层，在左侧视图中移动 Z 轴，将 Z 轴推至
摄像机倒三角的顶部，如图 8-60 所示。顶部位置是摄像机焦距所在位置，此时文字大小将会在
视觉上变小一些，是清晰的状态。

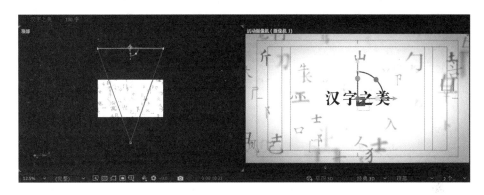

图8-60 将文字移动到摄像机的焦距内

（6）选择"文字控制"图层，按 S 键，打开"缩放"属性，将活动摄像机窗口中的"汉字
之美"文字放大到安全框大小，如图 8-61 所示。

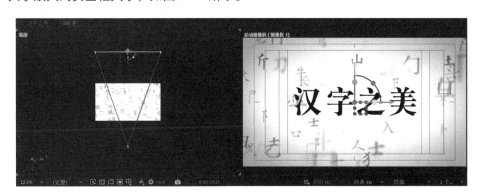

图8-61 缩放文字

（7）选择所有文字图层，将时间线移动至"0: 00: 09: 16"位置，按 Alt+［组合键，将选定
图层的入点修剪到当前时间，如图 8-62 所示。

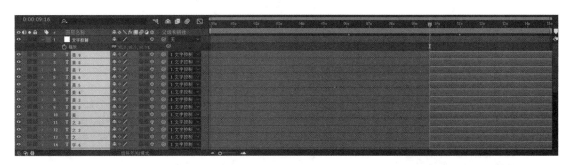

图8-62 修剪到当前时间

（8）选择所有文字图层，将时间线移动至"0: 00: 11: 16"位置，按 P 键，打开位置属性，
单击"时间变化秒表"按钮，创建结束关键帧，如图 8-63 所示。

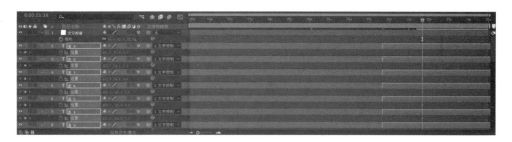

图8-63 设置位置动画关键帧1

（9）将时间线移动至"0: 00: 09: 16"位置，单独为每个文字图层调整位置，尽量让文字从中心向四周散开，如图 8-64 所示。

图8-64 设置位置动画关键帧2

（10）观察顶部视图，所有文字图层离开焦距位置散点发布，如图 8-65 所示。Z 轴数值不宜调得过大或过小，数值过大会导致动画运动太快，数值过小将会使镜头没有虚实运动感。

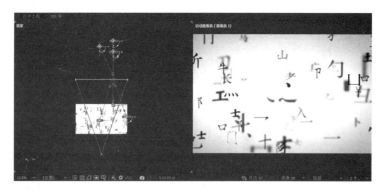

图8-65 调整拆分笔画的位置

（11）选择所有文字图层的关键帧，按 F9 键，为关键帧创建缓动，如图 8-66 所示。

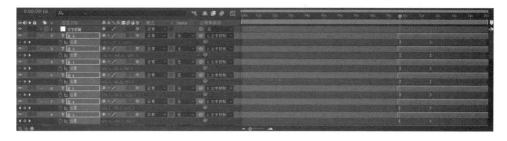

图8-66 添加缓动

（12）选择图层"文字控制"，按 P 键，在"0: 00: 12: 12"位置，单击"时间变化秒表"按钮 ，创建关键帧，在时间线结束位置"0: 00: 14: 23"，设置位置 Z 轴数值在原数值上增加 1 000~1 500，其目的是产生一个很小的文字向后推动的动画，如图 8-67 所示。

图8-67 推镜头动画

（13）选择"粒子发射"图层，按 O 键，打开不透明度属性，将时间线移动至"0: 00: 10: 00"位置，单击下"时间变化秒表"按钮 ，设置不透明度为 100，再将时间线移动至"0: 00: 11: 00"位置，设置不透明度为 0%，如图 8-68 所示。这个步骤的目的是将粒子的偏旁部首逐渐消失，为主题文字"汉字之美"做过渡切换。

图8-68 调整粒子层消失透明度

（14）按空格键，预览画面，如图 8-69 所示。

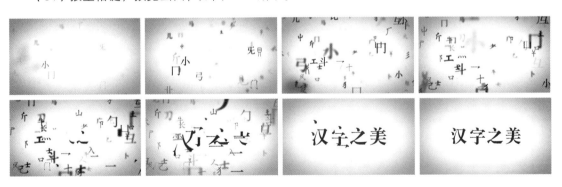

图8-69 预览效果

（15）执行"文件"→"存储"命令，保持定期存储习惯。

项目小结

本案例中，Particular的插件是优秀的外置粒子插件，在影视包装的商业项目中应用广泛，掌握好粒子插件的使用，能够更加快速地提升画面丰富性；蒙版与文字等动画的应用需要案例的实际操作进行微调，要做到边调参数边预览动画；摄像机的使用是贯穿整个动画的重点，景深的开启赋予本案例的效果精髓；通过了解汉字的不同字体和偏旁部首结构，了解汉字之美，展开课程思政教育。

战队片头包装 项目9

教学目标

1. 了解视频栏目片头包装的各种表现形式及理论，熟悉视频栏目片头包装动画的制作步骤和规范。

2. 熟悉After Effects软件中各种效果的使用方法，蒙版、文字等动画技术的应用（难点）。

3. 掌握置换图命令的使用方法（重点）。

4. 掌握项目制作流程中文件归纳整理方法（重点）。

项目9 战队片头包装

9.1
视频栏目片头包装概述

片头一词狭义是指每个节目正式开始之前的标题短片；广义是包括节目片尾、隔场片花、节目预告、节目过场等一切用组接正式节目的功能性短片和节目、栏目，以及频道的公共形象片、ID 形象片和宣传片等。片头一般长度为 5~10 s。而随着高新技术在影视制作领域的广泛应用，视频片头的艺术创作发生了质的飞跃。通过技术手段把视频片头的创意与构思、色彩与光效、构图与造型、音乐等艺术元素融合在一起，三维与二维结合，虚拟和现实交融，构成和谐统一的整体，实现了技术与艺术的完美结合，能够最大程度地满足观众对整个影视作品的审美需求。

9.2
创意与展示

9.2.1　任务创意描述

本项目是游戏战队宣传片的片头包装片段，片中应用了置换图、色光、设置遮罩、变换、设置通道和发光等多个 After Effects 软件自带效果的综合应用，体现了多重效果叠加后丰富的特效变化；应用了摄像机运动，增强了立体感。

9.2.2　任务效果展示

战队片头包装片段效果如图 9-1 所示。

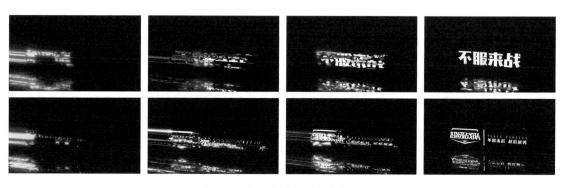

图9-1　战队片头包装片段效果

9.3

任务实现

9.3.1 文字logo元素准备

（1）打开 After Effects 软件，执行"文件"→"导入"命令，在"导入"对话框中，打开"第九章 战队片头包装 \ 素材与效果文件"的素材"文字 logo 设计 .ai"，如图 9-2 所示。导入合成如图 9-3 所示。

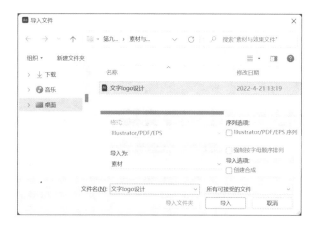

图9-2 导入选项

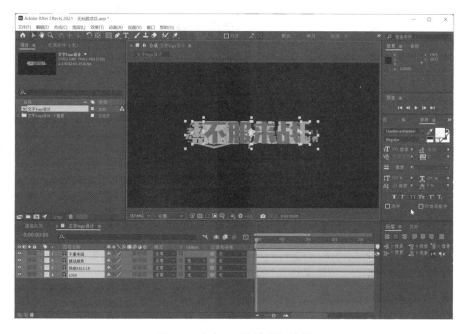

图9-3 文字logo设计导入效果

（2）全选"时间轴"面板中所有的图层，执行"图层"→"创建"→"从矢量图层创建形状"命令，将导入的图层更改为形状图层，如图9-4所示。

图9-4 创建轮廓

（3）删除不显示的图层，只保留创建的形状图层，如图9-5所示。

图9-5 删除原素材图层

（4）全选所有图层，单击工具栏中的"填充颜色"色块按钮，在弹出的"形状填充颜色"对话框中，设定颜色为"白色"，如图9-6所示，执行"图层"→"变换"→"视点居中"命令，将所有图层放置在画面的中心位置，如图9-7所示。

图9-6 设置填充颜色

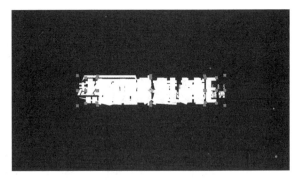

图9-7 视点居中

（5）选择图层"不服来战"轮廓，按Ctrl+Shift+C组合键，在弹出的"预合成"对话框中，将预合成名称改为"1不服来战"，如图9-8所示，单击"确定"按钮。

（6）依次将其余文字图层逐个创建预合成，并为其更名，如图9-9所示。

（7）在项目栏中，单击"新建文件夹"按钮 ，并将文件夹命名为"文字设计"，将步骤（1）~（6）所创建的合成移至文件夹中，归纳整理，如图9-10所示。

（8）执行"文件"→"另存为"→"另存为"命令，将在弹出的"另存为"对话框中，将文件存储为"战队片头包装"，如图9-11所示。

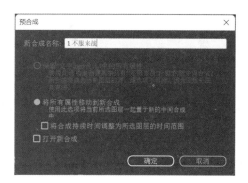

图9-8　创建预合成

图9-9　预合成命名

图9-10　归纳整理预合成

图9-11　存储文件

9.3.2　创建置换图动画

（1）执行"合成"→"新建合成"命令，在弹出的"新建合成"对话框中，合成名称：置换图动画，选择预设"HDTV 1080 25"，持续时间为"0: 00: 10: 00"，如图9-12所示，单击"确定"按钮。

（2）执行"图层"→"新建"→"纯色"命令，在弹出的"纯色设置"对话框中，设置名称：置换图，如图9-13所示，单击"确定"按钮。

图9-12　新建合成1

图9-13　新建合成2

（3）在"置换图"图层上执行"效果"→"杂色和颗粒"→"分形杂色"命令，得到如图9-14所示的"分形杂色"效果。

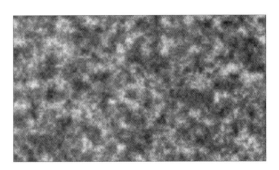

图9-14　"分形杂色"效果

（4）调整效果控件中分形杂色的参数，得到如图9-15所示的横纹网格。

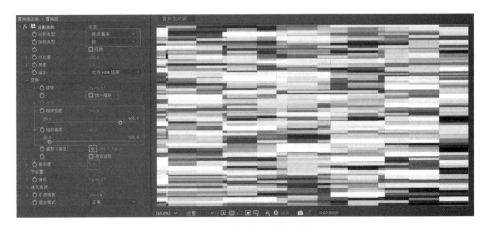

图9-15　调整分形杂色参数

（5）在效果控件窗口中"分形杂色"中，按 Alt 键，单击"演化"选项前的"时间变化秒表"按钮，在时间轴窗口内会出现表达式输入框，输入"time*200"，如图 9-16 所示。此时可以按下空格键预览色块的演化效果。

图9-16　输入"演化"的表达式

（6）打开"分形杂色"中"演化选项"的下拉选项，按 Alt 键，单击"随机植入"选项前的"时间变化秒表"按钮，在时间轴窗口内会出现表达式输入框，输入"wiggle（5，5）"，如图 9-17 所示。注意在输入表达式时保持英文输入法状态。

图9-17　输入"随机植入"的表达式

（7）将时间轴的时间移动至"0：00：00：00"位置，在"分形杂色"的选项中，单击"亮度"选项前的"时间变化秒表"按钮，再按 U 键，折叠其他关键帧，只保留"亮度"关键帧的显示，如图 9-18 所示。

图9-18　设置"亮度"关键帧

（8）更改"亮度"值，移动时间轴线，完成置换图动画的设定，在"0：00：00：00"位置时，设置"亮度"值：-100；在"0：00：00：13"位置时，设置"亮度"值：0；在"0：00：00：22"位置时，设置"亮度"值：178；在"0：00：01：06"位置时，设置"亮度"值：178；在"0：00：01：13"位置时，设置"亮度"值：-25；在"0：00：01：17"位置时，设置"亮度"值：123；共设定 6 个关键帧，如图 9-19 所示。按空格键，可以预览到从"黑"→"格子"→"白色"→"格子"→"白色"的动画效果。

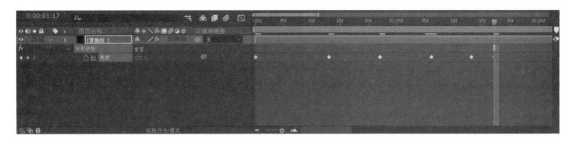

图9-19 设置"亮度"关键帧动画

（9）执行"文件"→"存储"命令，保持定期存储习惯。

9.3.3 文字破碎效果动画

（1）在"项目"窗口中，选择"4 LOGO"合成，单击鼠标右键，在弹出的菜单中选择"基于所选项创建合成"命令，得到"4 LOGO 2"，如图9-20所示。

（2）选择"项目"窗口中的"4 LOGO 2"，按 Enter 键，重命名为"文字动画"，在项目栏中，单击"新建文件夹"按钮■，并将文件夹命名为"文字动画"，将"文字动画"的合成移至文件夹中，归纳整理，如图9-21所示。

图9-20 基于所选项创建合成

图9-21 整理合成文件夹

（3）双击打开"文字动画"合成，将"项目"窗口中的"置换图动画"合成拖曳到时间线窗口中，并将"置换图动画"的眼睛图标●关闭，不显示该图层，如图9-22所示。

图9-22 置入"置换图动画"合成

（4）选择图层"4 LOGO"，执行"效果"→"扭曲"→"置换图"命令，在效果控件窗口中，更改"置换图层：2.置换图动画"，调整参数如图 9-23 所示。

（5）在效果控件窗口中选择"置换图"效果，按 Ctrl+D 组合键，重复"置换图"效果，调整参数如图 9-24 所示。

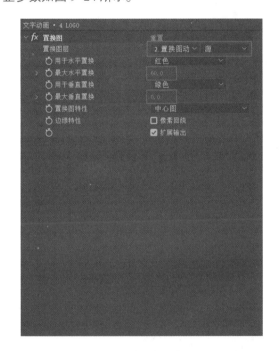

图9-23 置换图特效

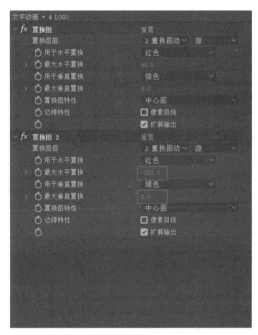

图9-24 "置换图2"特效

（6）按空格键，可以预览到 logo 图形从左至右破碎效果移动，如图 9-25 所示。

图9-25 文字置换图动画效果

（7）继续为"4 LOGO"图层添加"效果"→"颜色校正"→"色光效果，在"添加相位"选项中，更改为"2.置换图动画"，如图 9-26 所示。

（8）打开"输出循环"选项，在色轮中，选择最下方的青色三角，按住鼠标左键并向下拖曳，如图9-27所示，移除青色三角，如图9-28所示，然后依次移除蓝色三角和绿色三角，如图9-29所示。

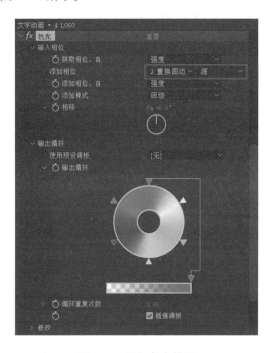

图9-26　添加色光效果

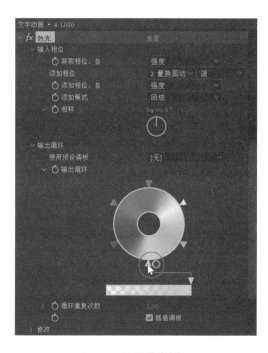

图9-27　设置输出循环1

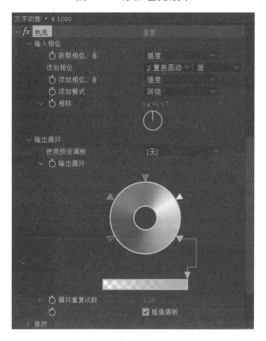

图9-28　设置输出循环2

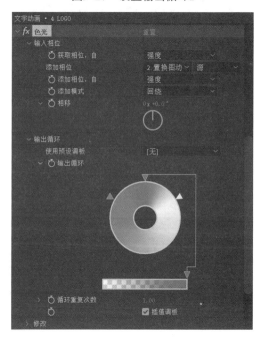

图9-29　设置输出循环3

（9）选中"输出循环"中的洋红三角，双击鼠标左键，在弹出的"颜色"对话框中，将红色更改为140，如图9-30所示，单击"确定"按钮，相位环中洋红更改为紫色，如图9-31所示。

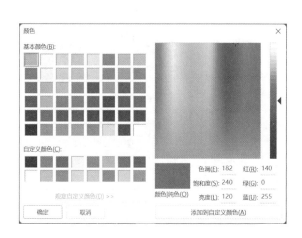

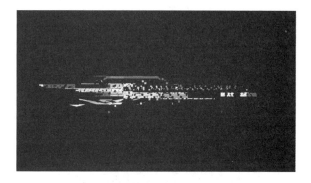

图9-30　设置颜色1　　　　　　　　　　　　图9-31　更改色环颜色

（10）重复上述（9）的方法，将红色三角更改为白色，如图9-32所示。此时按空格键预览动画，合成窗口中的logo颜色更改为白色、紫色和黄色的过渡效果，如图9-33所示。

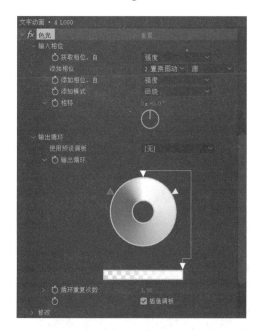

图9-32　设置颜色2　　　　　　　　　　　　图9-33　动画预览效果

（11）展开"色光"中的修改选项，将"修改 Alpha"前的☑选项取消和蒙版选项下的"在图层上合成"前的☑选项取消，如图9-34所示。

（12）执行"效果"→"通道"→"设置遮罩"命令，设置"从图层获取遮罩：2.置换图动画"，"用于遮罩：明亮度"，如图9-35所示。

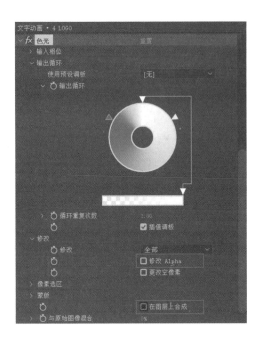

图9-34 取消"修改Alpha"

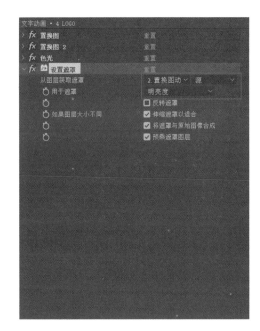

图9-35 设置遮罩

（13）执行"效果"→"扭曲"→"变换"命令，将时间轴的时间线移动至"0：00：02：00"位置，更改参数"位置：718.0，540.0"，如图9-36所示，观察合成窗口中的logo位置是否居中，如图9-37所示。

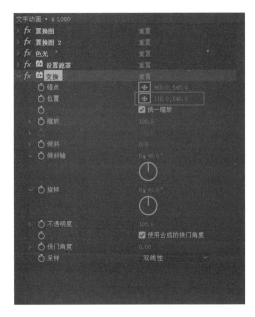

图9-36 设置变换

图9-37 复原LOGO位置

（14）在项目窗口中，单击项目窗口下方的"8 bpc"，弹出"项目设置"对话框，在"颜色"选项卡中，将深度更改为：每通道32位（浮点），如图9-38所示，单击"确定"按钮。

（15）继续在"文字动画"合成中，执行"图层"→"新建"→"调整图层"，并为图层重命名为：发光，如图9-39所示。

图9-38　项目设置

图9-39　新建调整图层

（16）为"发光"图层执行"效果"→"通道"→"设置通道"命令，在"设置通道"效果控件中设置参数如图 9-40 所示。

（17）继续为"发光"图层执行"效果"→"通道"→"固态层合成"命令，将"颜色"更改为黑色，如图 9-41 所示。

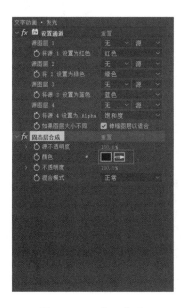

图9-40　设置通道　　　　　　　图9-41　固态层合成

（18）继续添加"效果"→"风格化"→"发光"命令，设置参数如图 9-42 所示。此时可将时间轴移动至"0:00:00:15"位置，便于预览发光效果。

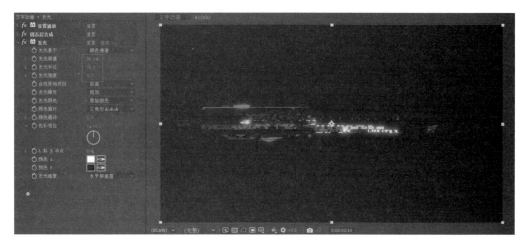

图9-42　"发光"效果

（19）按 Ctrl+D 组合键，创建一个"发光"层副本，重复"发光"效果，在新得到的"发光 2"中设置参数如图 9-43 所示。

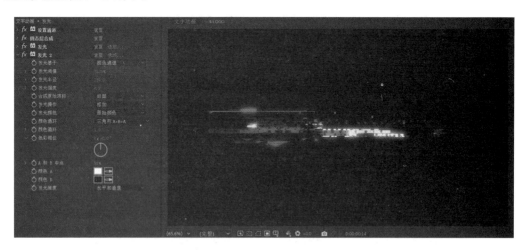

图9-43　"发光2"效果

（20）在"时间轴"面板中，将图层"发光"的图层模式更改为"相加"，如图 9-44 所示。如果未在"时间轴"面板中看到图层模式选项栏，单击打开"时间轴"面板左下角的图标 。

图9-44　更改图层混合模式

（21）再次为"发光"图层执行"效果"→"颜色校正"→"色相/饱和度"命令，将主色相更改为：-40，调整动画颜色，如图9-45所示。

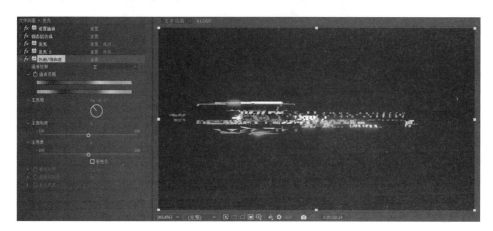

图9-45　更改颜色

（22）在"文字动画"合成中，执行"新建"→"图层"→"调整图层"命令，为其重命名为"拉伸"，如图9-46所示。

图9-46　新建调整图层

（23）在"拉伸"图层上，执行"效果"→"过渡"→"CC Scale Wipe"命令，设置参数如图9-47所示。

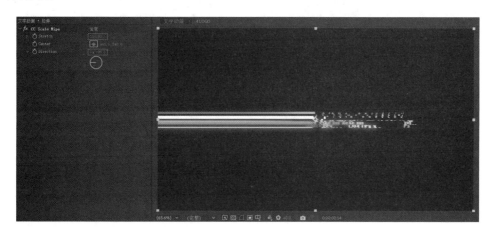

图9-47　设置CC Scale Wipe

（24）在"0：00：00：00"时，单击Center前的"时间变化秒表"按钮█，设置数值为：336.0，540.0；在"0：00：00：19"时，设置数值为：470.0，540.0，如图9-48所示。

图9-48　设置CC Scale Wipe中心点动画

（25）按空格键，可以预览文字动画，执行"文件"→"存储"命令，保持定期存储习惯。

9.3.4　地板置换图创建

（1）在"项目"窗口中，单击"新建合成"按钮，在弹出的"合成设置"对话框中，按图9-49所示进行设置，将合成名称改为：地板置换图。

（2）在"地板置换图"合成中，执行"图层"→"新建"→"纯色"命令，在弹出的"纯色设置"对话框中，将名称设置为：地板贴图，如图9-50所示。

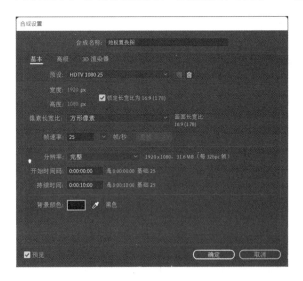

图9-49　新建合成

图9-50　新建纯色图层

（3）执行"效果"→"杂色和颗粒"→"分形杂色"命令，并设置"分形杂色"参数如图9-51所示。

（4）开启"时间轴"面板中"地板贴图"图层的3D图层开关，在"合成"窗口中将显示出图层的三维坐标轴，如图9-52所示。将光标移动至垂直的红色X轴上时，光标出现"X"字样，按住鼠标左键向上拖曳，角度为 -90°，如图9-53所示，得到X轴的旋转后，将光标移至垂直的蓝色Z轴上，光标出现"Z"字样，按住鼠标键左向下拖曳，拖曳位置如图9-54所示。

（5）执行"效果"→"风格化"→"动态拼贴"命令，设置"动态拼贴"参数如图9-55所示，并可以在"合成"窗口中适当提高Z轴位置。这里的"输出高度"和"输出宽度"数值一定不能过大，数值过大会导致 After Effects 错误。

图9-51　分形杂色

图9-52　开启3D图层

图9-53　旋转X轴

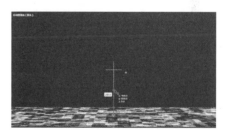

图9-54　移动Z轴

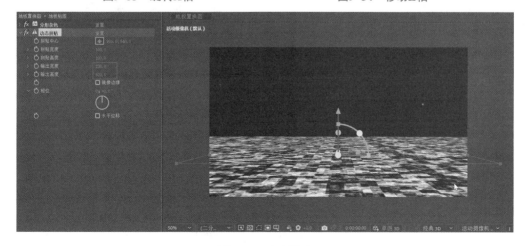

图9-55　动态拼贴

（6）执行"效果"→"颜色校正"→"曲线"命令，添加"曲线"效果，下拉曲线如图9-56所示，加深地板贴图的明度。

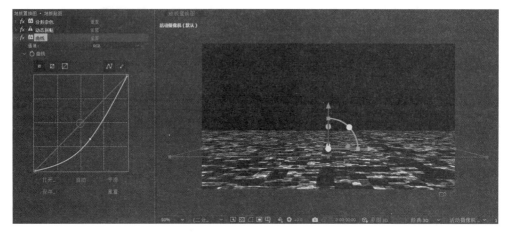

图9-56　曲线

（7）执行"文件"→"存储"命令，保持定期存储习惯。

9.3.5　地板倒影创建

（1）在"合成"窗口中，在"文字动画"合成上单击鼠标右键，在弹出菜单中选择"基于所选新建合成"，得到"文字动画2"合成，将其重命名为"战队片头包装1"，并在"项目"窗口中单击"新建文件夹"按钮 ，重命名为"战队片头"，将"战队片头包装1"合成移至"战队片头"文件夹中，如图9-57所示。

（2）双击"战队片头包装1"合成，为了更好地观察操作，将时间线移动至"0: 00: 00: 15"处，选择"文字动画"图层，按Ctrl+D组合键，重复得到"文字动画"图层，并重命名为"倒影"，如图9-58所示。

（3）选择"文字动画"图层，在"合成"窗口中，使用"矩形"工具 ，在"合成"窗口中画下矩形蒙版如图9-59所示，选择"倒影"图层，在"合成"窗口中，使用"选取"工具 ，并按住Shift键，将其向下拖曳，结果如图9-60所示。

（4）选择"倒影"图层，执行"图层"→"变换"→"垂直翻转"命令，得到倒影效果如图9-61所示。

图9-57　整理项目

（5）将"项目"窗口中的"地板置换图"拖曳至"战队片头包装1"的"时间线"窗口中，并将其眼睛图标 关闭，执行"图层"→"新建"→"调整图层"命令，得到的"调整图层3"放置在"倒影"图层的上方，如图9-62所示。

图9-58　重复图层

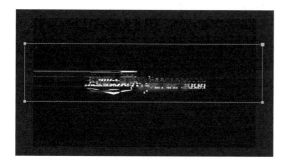

图9-59　创建蒙版

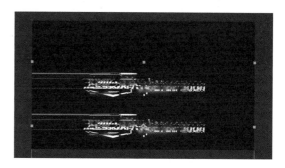

图9-60　向下移动"倒影"图层

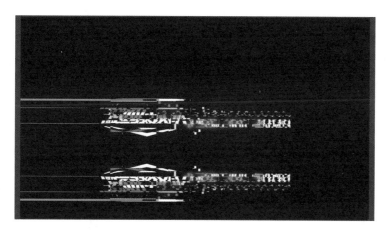

图9-61　垂直翻转图层

图9-62　增加调整图层和导入"地板置换图"

（6）选择"调整图层3"，执行"效果"→"模糊"→"复合模糊"命令，设置模糊图层：4.地板置换图，最大模糊：99，得到倒影与地板复合模糊的效果，如图9-63所示。

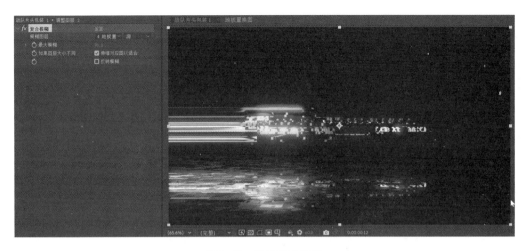

图9-63　设置复合模糊

（7）执行"文件"→"存储"命令，保持定期存储习惯。

9.3.6　摄像机动画

（1）开启"文字动画"和"倒影"图层的 3D 按钮，如图 9-64 所示。

图9-64　开启3D图层

（2）执行"图层"→"新建"→"摄像机"命令，在"摄像机"对话框中设置预设为：35 毫米，如图 9-65 所示，单击"确定"按钮。

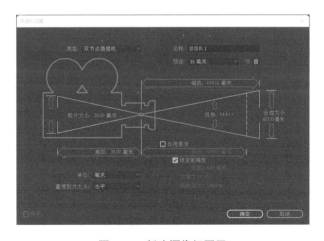

图9-65　新建摄像机图层

（3）将时间线移动至"0: 00: 01: 03"位置，单击摄像机图层中的目标和位置点的"时间变化秒表"按钮⌚，并设置目标点：948.0，520.0，202.0；位置：1314.0，133.0，-1344，0，如图9-96所示。

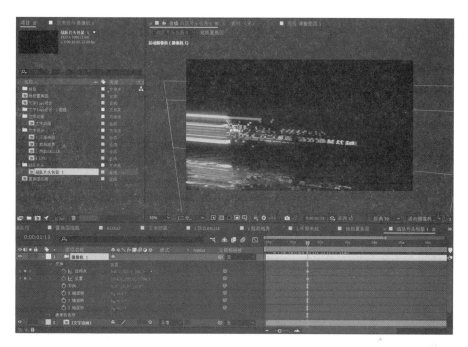

图9-66 调整摄像机图层位置和目标点1

（4）将时间线移动至"0: 00: 01: 20"位置，设置目标点：990.0，572.0，19.0；位置：1399.0，139.0，-1530，0，如图9-67所示。

图9-67 调整摄像机图层位置和目标点2

（5）在"时间轴"窗口中，将工作区结尾移动至"0：00：02：00"处，在工作区上单击鼠标右键，在弹出的菜单中选择"将合成修剪至工作区域"，将合成修剪成时长为 2 s 的片段，如图 9-68 所示。

图9-68　修剪合成时长

（6）按空格键，预览动画，完成本单元课程的第一个片段。执行"文件"→"存储"命令，保持定期存储习惯。

9.3.7　替换合成素材

（1）在"项目"窗口中，"文字动画"文件夹下，选择"文字动画"合成，按 Ctrl+D 组合键 3 次，一共得到 4 个文字动画的副本，如图 9-69 所示。

（2）在"项目"窗口中，"战队片头"文件夹下，选择"战队片头包装 1"合成，按 Ctrl+D 组合键 3 次，一共得到 4 个战队片头包装的副本，如图 9-70 所示。

图9-69　重复文字动画　　　　　　　　　　　　图9-70　重复战队片头包装

（3）双击"项目"窗口中的"文字动画"合成，再到"时间轴"窗口中选择"4 LOGO"图层，按 Alt 键，将"项目"窗口中"文字设计"文件夹下的"1 不服来战"合成拖曳到"时间轴"窗口中的"4 LOGO"图层上，替换"4 LOGO"图层，如图 9-71 所示。

图9-71　替换合成1

（4）重复步骤（2）、（3）的方法，将"文字动画 2"中的"4 LOGO"替换为"2 越战越勇"；将"文字动画 3"中的"4 LOGO"替换为"3 热血 BATTLE"。注意在替换素材（合成）的时候，要先选择被替换的图层，然后再按 Alt 键将替换的素材（合成）移至被替换的图层上。

（5）双击打开"战队片头包装 2"，用"文字动画 2"合成分别替换"时间线"窗口中的"文字动画"图层和"倒影"图层，如图 9-72 所示。

图9-72　替换合成2

（6）重复步骤（5）的方法，将"战队片头包装3"中的"文字动画"图层和"倒影"图层用"文字动画3"替换；"战队片头包装4"中的"文字动画"图层和"倒影"图层用"文字动画4"替换。

（7）此时，分别预览"战队片头包装1""战队片头包装2""战队片头包装3"和"战队片头包装4"，查看所对应的文字是否依次是"不服来战""越战越勇""热血BATTLE"和"LOGO"。

（8）执行"文件"→"存储"命令，保持定期存储习惯。

9.3.8 成片

（1）执行"合成"→"新建合成"命令，在弹出的"合成设置"对话框中进行设置，合成名称：总合成；持续时间：0: 00: 08: 00，如图9-73所示。

图9-73 新建合成

（2）按住Shift键，将"项目"窗口中的"战队片头包装1""战队片头包装2""战队片头包装3"和"战队片头包装4"4个合成全部选中，拖曳至"总合成"的"时间线"窗口中，如图9-74所示。

图9-74 导入合成片段

（3）保持4个图层全选状态，执行"动画"→"关键帧辅助"→"序列图层"命令，在弹出的"序列图层"对话框中单击"确定"按钮，如图9-75所示。

（4）图层将按照序列自动排序，如图9-76所示。如果排列的顺序是相反的，可以按Ctrl键，依次选择"战队片头包装1""战队片头包装2""战队片头包装3"和"战队片头包装4"，再次执行"序列图层"命令。

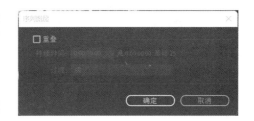

图9-75　序列图层

图9-76　顺序排列图层

（5）为了让画面中动画的颜色更加丰富，双击打开"文字动画2"合成，选择图层"发光"，在效果控件面板中调整"色相/饱和度"的主色相数值为0x+150，如图9-77所示，更改动画颜色。

图9-77　更改合成颜色

（6）重复步骤（5）的方法，依次更改"文字动画3"和"文字动画4"合成的颜色。

（7）预览动画效果如图 9-1 所示。

（8）执行"文件"→"存储"命令，保持定期存储习惯。

项目小结

　　在本案例中，应了解视频片头包装的制作流程，掌握合成的命名和归纳整理，从而提高工作效率，养成良好的工作习惯。掌握After Effects软件中各种效果的叠加使用，增加画面的丰富性；通过"置换图"产生真实的倒影效果。部分效果的参数是随机的，需要在案例的实际操作中进行微调，要做到边调参数边预览动画；摄像机的使用是使整个动画画面提升格调的方法。

科技粒子地球影视包装　项目 10

项目10　科技粒子地球
影视包装

10.1
影视包装概述

影视包装分为多种类型，按照它们的不同功能及应用领域，可以将影视媒体作品分为影视片头、影视栏目包装、广告片头、片花等多种类型。这些类型的内容也会根据不同的功能体现而进行相应的变化。本项目将介绍一些影视片头的包装作品。此类作品需要烘托出场景的宏大、大气，从而给观众种磅礴的气势，这是片头中应该存在的东西。

10.2
创意与展示

10.2.1　任务创意描述

本项目应用了"Form"特效创建了粒子地球，应用了摄像机运动和摄像机的景深设置，增强了纵深感，通过大光圈的设置，调整焦距，得到细腻的三维视觉移动效果；通过"Optical Flares"特效创建了炫丽的背景效果。

10.2.2　任务效果展示

科技粒子地球任务效果如图10-1所示。

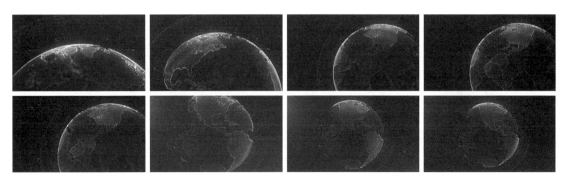

图10-1　科技粒子地球任务效果展示

10.3
任务实现

10.3.1　粒子地球创建

（1）打开 After Effects 软件，执行"文件"→"导入"→"文件"命令，弹出"导入"对话框，在"第十章 科技粒子地球\素材与效果文件"文件夹下将"地球－黑白.jpg"和"地球－轮廓.jpg"导入到 After Effects 中，如图 10-2 和图 10-3 所示。

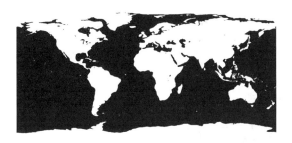

图10-2　地球-黑白

图10-3　地球-轮廓

（2）执行"合成"→"新建合成"命令，在"新建合成"对话框中，设置合成名称为：粒子科技地球；预设为：HDTV 1080 25；持续时间：0: 00: 15: 00，如图 10-4 所示。

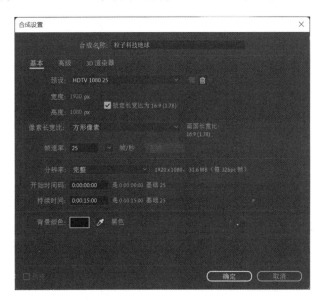

图10-4　新建合成

（3）将素材"地球－黑白.jpg"和"地球－轮廓.jpg"拖曳至合成"粒子科技地球"中，并将这两个图层前的眼睛图标 关闭，隐藏图层，如图 10-5 所示。

图10-5　置入素材图片

（4）执行"图层"→"新建"→"纯色"命令，在"纯色设置"对话框中，设置颜色为黑色，单击"确定"按钮，如图10-6所示。

图10-6　纯色图层

（5）按Ctrl+D组合键，重复"背景"图层，并将得到新图层重命名为"地表"，如图10-7所示。

图10-7　复制背景图层

（6）在效果和预设面板中输入"Form"，将"Form"效果拖曳至"地表"图层上，如图10-8所示。

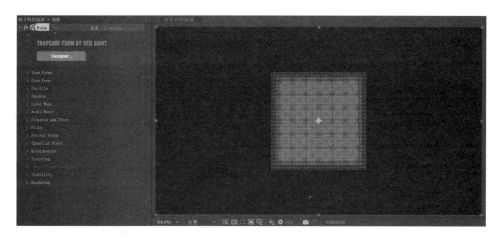

图10-8　"Form"效果

（7）展开"Base Form"菜单，设置参数如图 10-9 所示。

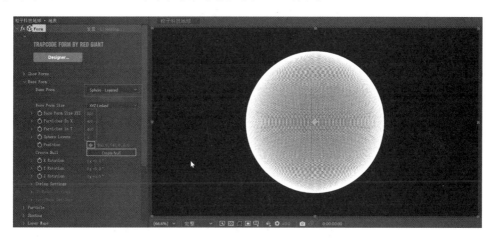

图10-9　设置"Base Form"参数

（8）展开"Particle"菜单，设置"Size"为 0.7，其他设置如图 10-10 所示。"Form"的数值显示会四舍五入，设置 0.7 的数值显示时会变成 1，该参数还是会保留 0.7 数值的状态。

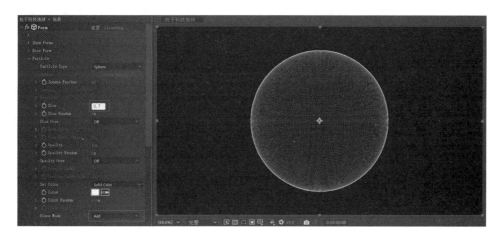

图10-10　设置"Particle"参数

（9）展开"Layer Maps"→"Size"菜单，设置参数"Layer：4.地球-黑白.jpg"，如图10-11所示，可以让粒子以地球地图的形态展示。

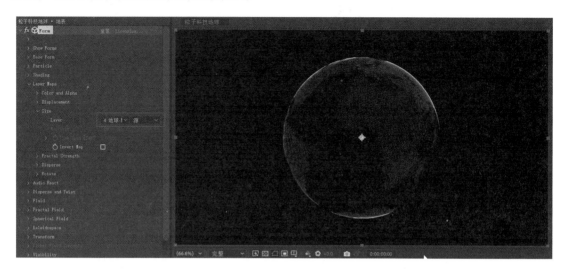

图10-11　设置"Layer"参数

（10）执行"文件"→"存储为"命令，将文件名存储为"粒子科技地球"。

10.3.2　设置其他粒子层

（1）选择"时间轴"面板中的"地表"图层，按Ctrl+D组合键，重复图层，将得到的复制图层重命名为"轮廓"，置于图层最上方，如图10-12所示。

图10-12　重复"地表"图层

（2）选择"轮廓"图层，在"效果控件"面板中，展开"Particle"菜单，设置"Size"为1.5，如图10-13所示。

（3）展开"Layer Maps"→"Size"菜单，设置参数"Layer：4.地球-轮廓.jpg"，如图10-14所示，可以让粒子以地球地图轮廓的形态展示，效果好像在原来的地图基础上有了一圈粒子描边效果。

（4）选择"时间轴"面板中的"地表"图层，按Ctrl+D组合键，创建图层副本，将得到的复制图层重命名为"地表网格"，置于图层最上方，如图10-15所示。

（5）选择"地表网格"图层，在"效果控件"面板中，展开"Base Form"菜单，设置参数，如图10-16所示。

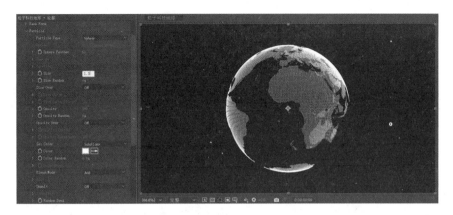

图10-13 设置"Size"参数

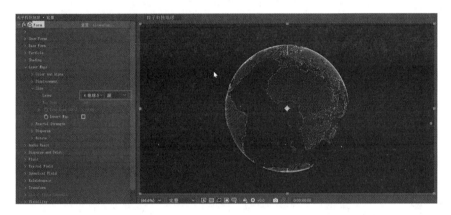

图10-14 设置"Layer"参数

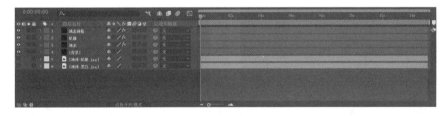

图10-15 重复"地表"图层

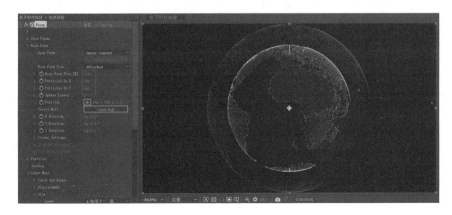

图10-16 设置"Base Form"参数

（6）选择"轮廓"图层，在"效果控件"面板中，展开"Particle"菜单，设置"Size"为0.5，如图10-17所示。

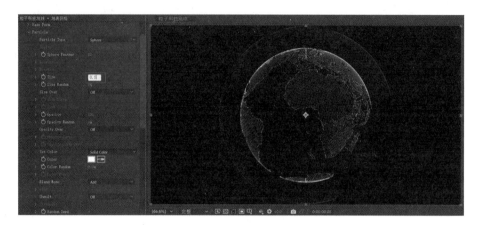

图10-17 设置"Size"参数

（7）选择"时间轴"面板中的"地表"图层，按Ctrl+D组合键，创建图层副本，将得到复制图层重命名为"绕线1"，置于图层最上方，如图10-18所示。

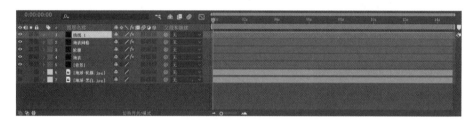

图10-18 重复"地表"图层

（8）选择"绕线1"图层，在"效果控件"面板中，展开"Base Form"菜单，设置参数，如图10-19所示。

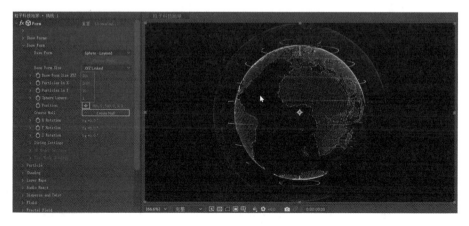

图10-19 设置"Base Form"参数

（9）展开"Layer Maps"→"Size"菜单，设置参数"Layer：无"，如图10-20所示，可以让粒子以地球地图的形态展示。

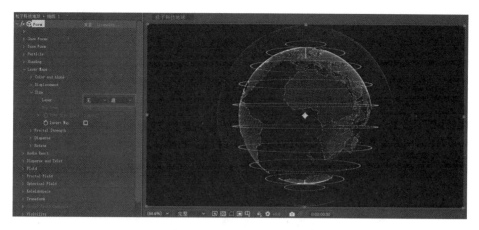

图10-20 设置"Base Form"参数

（10）选择"时间轴"面板中的"绕线 1"图层，按 Ctrl+D 组合键，创建图层副本，将得到的复制图层重命名为"绕线 2"，置于图层最上方，如图 10-21 所示。

图10-21 重复"地表"图层

（11）选择"绕线 2"图层，在"效果控件"面板中，展开"Base Form Size"菜单，设置参数，如图 10-22 所示。

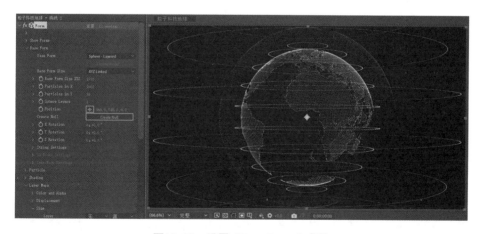

图10-22 设置"Base Form"参数

（12）选择"时间轴"面板中的"地表"图层，按 Ctrl+D 组合键，创建图层副本，将得到复制图层重命名为"发散粒子"，置于图层最上方，如图 10-23 所示。

（13）在"效果控件"面板中，展开"Disperse and Twist"→"Disperse"菜单，设置参数"Disperse：15"，将合成窗口以 200% 显示，放大画面，以便观察粒子变化，如图 10-24 所示。

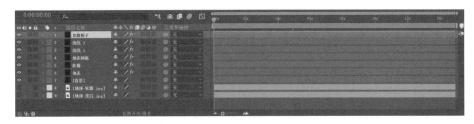

图10-23　重复"地表"图层

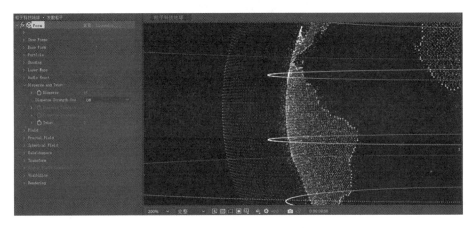

图10-24　设置"Disperse"参数

（14）在"0：00：00：00"时间处，单击 Disperse 选项前的"时间变化秒表"按钮，设置关键帧，将时间轴移动至"0：00：14：24"位置，设置参数"Disperse：65"，如图 10-25 所示。

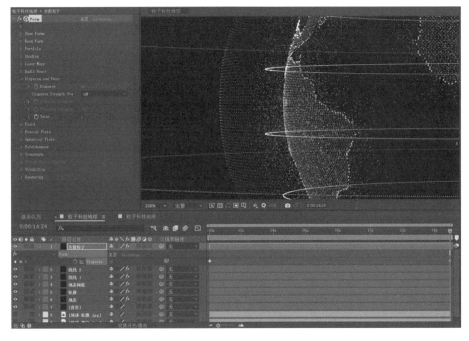

图10-25　设置"Disperse"参数

（15）执行"文件"→"存储"命令，保持定期存储习惯。

10.3.3 创建颜色层

（1）执行"合成"→"新建合成"命令，在"合成设置"对话框中，设置合成名称为"颜色层"，如图 10-26 所示。

（2）执行"图层"→"新建"→"纯色"命令，在"纯色设置"对话框中，设置名称为"分形杂色"，如图 10-27 所示。

图10-26　新建合成　　　　　　　　图10-27　新建纯色图层

（3）执行"效果"→"杂色和颗粒"→"分形杂色"命令，在"效果控件"面板中，设置参数如图 10-28 所示。

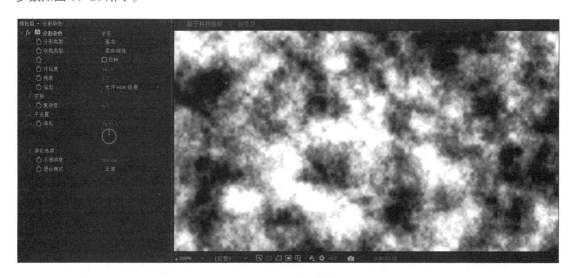

图10-28　分形杂色

（4）执行"效果"→"颜色校正"→"色调"命令，在"效果控件"面板中，"将黑色映射到"的颜色设置为 #FFAE00，"将白色映射到"的颜色设置为 #FF4600。添加色调结果如图 10-29 所示。

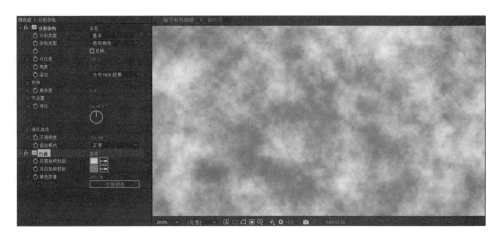

图10-29　添加色调

（5）在"项目"面板中，双击"粒子科技地球"合成，重新进入"粒子科技地球"合成编辑状态，将"颜色层"合成拖曳到"粒子科技地球"的"时间轴"窗口，并将其放置在图层最下方，并将图层"颜色层"的眼睛图标◉关闭，不显示图层，如图10-30所示。

图10-30　置入"颜色层"

（6）在"时间轴"窗口中，选择"地表"图层，在"效果控件"面板中，展开"Layer Maps"→"Color and Alpha"→"Layer"菜单，在 Layer 里选择"10.颜色层"，如图10-31所示，地表图层粒子以"颜色层"的颜色显示。

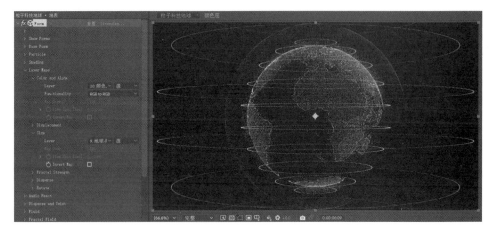

图10-31　替换"颜色层"1

（7）重复步骤步骤（6），为"地表网格""绕线 1""绕线 2"和"发散粒子"图层依次都替换

"颜色层"，如图 10-32 所示。保留"轮廓"层不要替换颜色层。

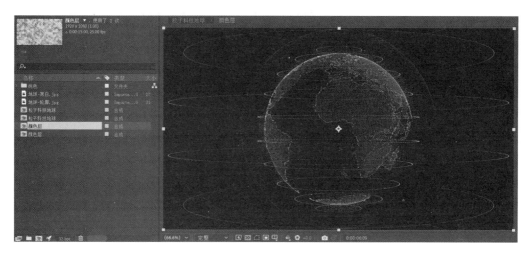

图10-32　替换"颜色层"2

（8）执行"图层"→"新建"→"调整图层"命令，并将其重命名为"发光调整"放置在图层最上方，如图 10-33 所示。

图10-33　新建调整图层

（9）执行"效果"→"风格化"→"发光"命令，在"发光"效果里设置效果如图 10-34 所示。将"颜色 A"的颜色设置为 #FFAE00，"颜色 B"的颜色设置为 #FF4600。

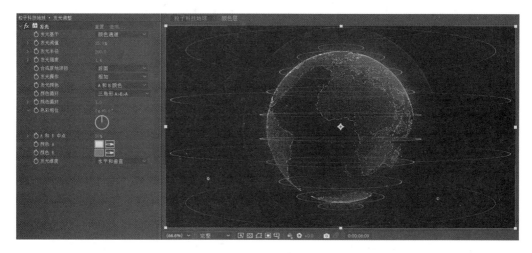

图10-34　添加"发光"效果

（10）在"时间轴"窗口中，将图层"发光调整"的模式更改为"屏幕"，效果如图10-35所示。若在"时间轴"窗口中，未出现"模式"栏时，开启软件左下角的展开或折叠"转换控制"窗格按钮🔳。

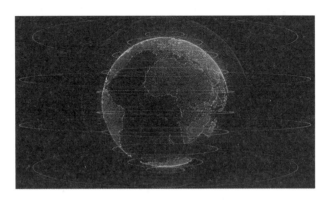

图10-35　更改屏幕模式

（11）执行"文件"→"存储"命令，保持定期存储习惯。

10.3.4　摄像机创建

（1）执行"图层"→"新建"→"摄像机"命令，在弹出的"摄像机设置"对话框中，选择预设：35毫米，如图10-36所示，单击"确定"按钮。

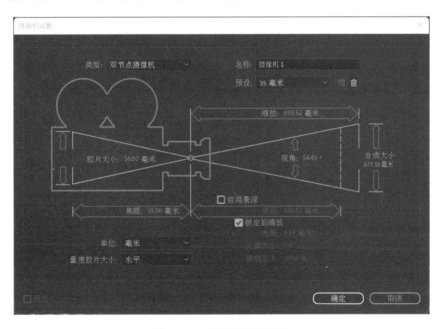

图10-36　新建摄像机图层

（2）执行"图层"→"新建"→"空对象"命令，将新建空对象重命名为：摄像机控制，并开启"摄像机控制"图层的3D图层按钮🔳，将"摄像机1"图层父级和链接的父级关联器图标拖曳至"摄像机控制"图层，如图10-37所示。

图10-37　空对象控制摄像机

（3）选择"摄像机控制"图层，按 R 键，打开旋转属性关键帧，将时间线移动至"0: 00: 00: 00"处，单击"Y 轴旋转"选项前的"时间变化秒表"图标，创建 Y 轴旋转关键帧，如图 10-38 所示。

图10-38　创建关键帧1

（4）将时间线移动至"0: 00: 14: 24"处，调整 Y 轴旋转：0x+60.0°，如图 10-39 所示。该步骤的目的是在接下来调整摄像机镜头的过程中，整个地球有轻微的转动，更有画面动感。

图10-39　创建关键帧2

（5）按空格键，预览动画，地球转动效果完成，如图 10-40 所示。

图10-40　动画预览

（6）执行"文件"→"存储"命令，保持定期存储习惯。

10.3.5　镜头的创建

（1）使用工具栏中的"绕光标旋转"工具，调整地球在画面中的旋转角度使用"向光标方向推拉镜头"工具向前或向后推拉镜头；使用"在光标下移动"工具，移动画面位置，将画面调整至图10-41所示的位置。

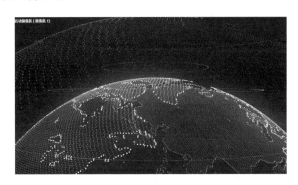

图10-41　调整镜头位置1

（2）在"摄像机1"图层中，打开"变换"选项，在"0：00：00：00"处，单击"目标点"和"位置"前的"时间变化秒表"按钮，创建关键帧，如图10-42所示。

图10-42　创建关键帧3

（3）将时间线移动至"0：00：03：00"处，使用小的操作，将镜头调整至图10-43所示的位置。

图10-43　调整镜头位置2

（4）展开"摄像机1"图层的"摄像机选项"，将"景深"选项更改为"开"；"光圈"选项设置为"125.0像素"；"模糊层次"设置为"125%"，如图10-44所示。观察"合成"窗口中的预览，如图10-45所示，已经不在焦距之内，画面变得模糊。

图10-44　调整镜头参数

图10-45　画面预览效果

（5）调整"摄像机选项"中的"焦距"参数，数值在调整的过程中，注意观察画面对焦结果，以能看清画面中地球边缘局部颗粒点为佳，如图10-46所示，单击"焦距"前的"时间变化秒表"按钮，创建关键帧如图10-47所示。注意，此处焦距数值仅供参考，以看到的清晰画面为准。

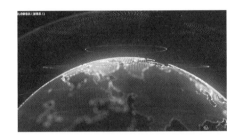

图10-46　调整焦距结果1

图10-47　调整焦距

（6）将时间线移动至"0：00：03：00"处，调整"焦距"数值，将清晰点的位置从边缘移至画面中心处，如图10-48所示。此处焦距参考数值为"663像素"。

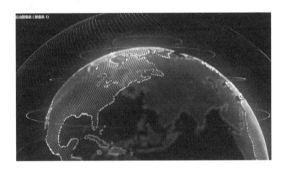

图10-48　调整焦距结果2

（7）按空格键，可以预览第一段镜头的动画，如图10-49所示。

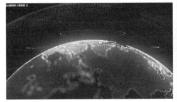 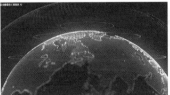 

图10-49　第一段镜头的动画预览

（8）将时间线移动至"0: 00: 03: 00"处，选择"时间轴"面板中的"摄像机1"图层，执行"编辑"→"拆分图层"命令，图层沿着"0: 00: 03: 00"时间拆分成两个图层，如图10-50所示。

图10-50　拆分图层

（9）选择"摄像机2"图层，按U键，展开图层已有关键帧选项，如图10-51所示。

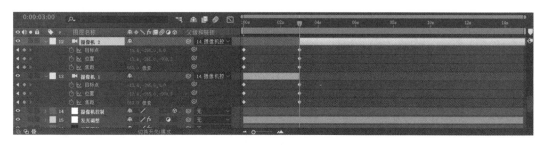

图10-51　展开关键帧

（10）依次单击"摄像机2"图层"目标点""位置"和"焦距"前的"时间变化秒表"按钮，取消关键帧，如图10-52所示。

图10-52　取消关键帧

（11）将时间线移动至"0: 00: 03: 00"处，开始创建第二段镜头，使用（1）～（6）方法，创建从"0: 00: 03: 00"到"0: 00: 06: 00"的镜头，镜头参考如图10-53所示（左图为起始关键帧，右图为结束关键帧）。

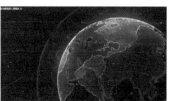

图10-53　第二段镜头参考

（12）"摄像机2"图层"0: 00: 03: 00"处的数值设置参考图10-54所示；在"0: 00: 06: 00"处数值参考图10-55。

图10-54 "0: 00: 03: 00"数值参考　　　　图10-55 "0: 00: 06: 00"数值参考1

（13）重复步骤（8）~（10），拆分出"摄像机3"图层，将时间线移动至"0: 00: 06: 00"处，开始创建第三段镜头，使用步骤（1）~（6）的方法，创建从"0: 00: 06: 00"到"0: 00: 09: 10"的镜头，镜头参考如图10-56所示（左图为起始关键帧，右图为结束关键帧）。

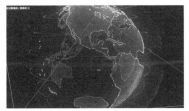 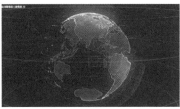 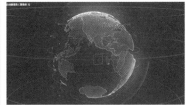

图10-56 第三段镜头参考

（14）"摄像机3"图层"0: 00: 06: 00"处的数值参考图10-57；"0: 00: 09: 10"处数值参考图10-58。

图10-57 "0: 00: 06: 00"数值参考2　　　　图10-58 "0: 00: 09: 10"数值参考

（15）将"摄像机3"图层的"目标点"和"位置"的关键帧全部选中，执行"动画"→"关键帧辅助"→"缓动"命令，如图10-59所示。

（16）将时间线移动至"0: 00: 10: 00"处，将工作区结尾移至该处，如图10-60所示，在工作区上单击鼠标右键，选择弹出菜单中的"将合成裁切到工作区域"，完成10s的动画制作。

（17）执行"文件"→"存储"命令，保持定期存储习惯。

图10-59　设置关键帧缓动

图10-60　设置工作区

10.3.6　光耀背景制作

（1）执行"图层"→"新建"→"纯色图层"命令，在"纯色设置"对话框中，设置名称为"光线 橘"，如图 10-61 所示。

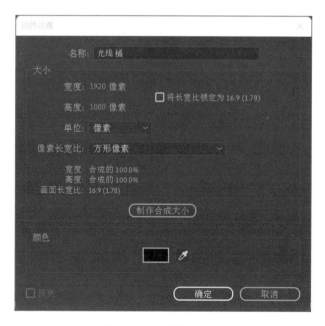

图10-61　设置纯色图层

（2）选择"光线 橘"图层，执行"效果"→"Video Copilot"→"Optical Flares"命令，得到结果如图 10-62 所示光斑，更改图层混合模式为：屏幕，如图 10-63 所示。

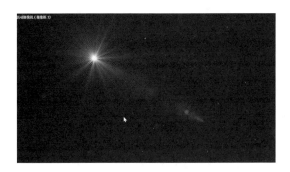

图10-62　"Optical Flares"效果1

图10-63　设置屏幕模式

（3）单击"效果控件"面板中"Optical Flares"的"选项"，在弹出的对话框中单击"Clear All"按钮，再单击"Glow"，然后单击"OK"按钮，如图10-64所示，简化光斑效果如图10-65所示。

图10-64　"Optical Flares"效果2

图10-65　简化光斑效果

（4）设置"Optical Flares"的参数如图10-66所示，Color数值为：FFB390。

图10-66　"Optical Flares"效果3

（5）选择"光线橘"图层，按Ctrl+D组合键，复制图层，并为得到的新图层重命名为"光

线 蓝"，设置"光线 蓝"图层的"Optical Flares"参数如图10-67所示，Color数值为"90AEFF"。

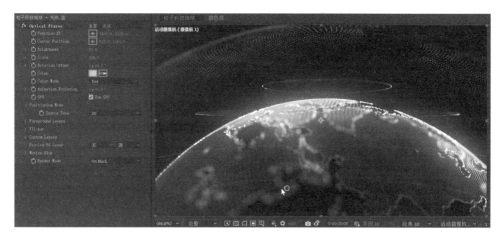

图10-67 "Optical Flares"效果4

（6）选择"光线 蓝"图层，按Ctrl+D组合键，复制图层，并为得到的新图层重命名为"光线 紫"，设置"光线 紫"图层的"Optical Flares"参数如图10-68所示，Color数值为"F290FF"。

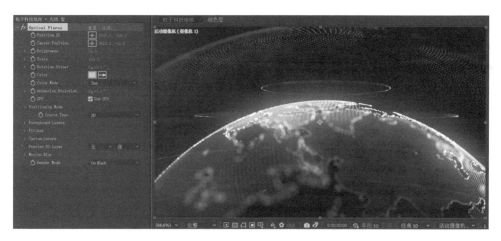

图10-68 "Optical Flares"效果5

（7）按住Ctrl键依次将"光线 橘""光线 蓝"和"光线 紫"同时选中，将时间线移动至"00：00：03：00"处，执行"编辑"→"拆分图层"命令，得到"光线橘2""光线蓝2"和"光线紫2"，如图10-69所示。

图10-69 拆分图层

（8）按住 Ctrl 键依次将"光线　橘2""光线　蓝2"和"光线　紫2"同时选中，将时间线移动至"00：00：06：00"处，执行"编辑"→"拆分图层"命令，得到"光线　橘3""光线　蓝3"和"光线　紫3"，如图10-70所示。拆分出三组镜头的颜色背景。

图10-70　拆分图层

（9）将时间线移动至"00：00：03：00"处，分别进入"光线　橘2""光线　蓝2"和"光线　紫2"的"效果控件"面板中调整 Position XY 与 Position Z 的数值，效果如图10-71所示。也可以同时调整 Brightness（亮度）和 Scale（缩放）数值。

（10）将时间线移动至"00：00：06：00"处，分别进入"光线　橘3""光线　蓝3"和"光线　紫3"的"效果控件"面板中调整 Position XY 与 Position Z 的数值，效果如图10-72所示。也可以同时调整 Brightness（亮度）和 Scale（缩放）数值。

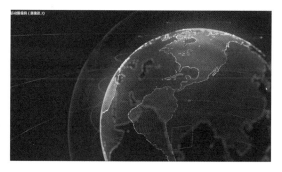

图10-71　调整光线背景

图10-72　调整光线背景效果

（11）执行"文件"→"存储"命令，保持定期存储习惯。

项目小结

在本案例中，"Form"的插件是优秀的外置粒子插件，在影视包装的商业项目中应用广泛，掌握好粒子插件的使用，能够更加快速地提升画面丰富性；"Optical Flares"插件也是一个优秀的光效模拟插件，往往能在后期制作中起到画龙点睛的作用；摄像机动画的应用需要对案例的实际操作进行微调，要做到边调参数边预览动画；摄像机的景深应用是贯穿整个动画的重点，景深的开启赋予本案例的效果精髓；通过"拆分图层"制作分切镜头，能大大提高工作效率。

参 考 文 献

［1］唯美世界，曹茂鹏 . 中文版 After Effects 2021 从入门到实战 (全程视频版)［M］. 北京：中国水利水电出版社，2021.

［2］袁懿磊，马红军 . After Effects CS6 影视后期合成案例教程［M］. 北京：人民邮电出版社，2020.

［3］高文铭，祝海英 . After Effects 影视特效设计教程［M］. 3 版 . 大连：大连理工大学出版社，2018.